Lutz/Rumohr

XING optimal nutzen

Andreas Lutz/Joachim Rumohr

XING
optimal nutzen

Geschäftskontakte - Aufträge - Jobs
So zahlt sich Networking im Inernet aus

6., aktualisierte und erweiterte Auflage

Bibliografische Information der Deutschen Nationalbibliothek
Die Deutsche Nationalbibliothek verzeichnet diese Publikation in der Deutschen
Nationalbibliografie; detaillierte bibliografische Daten sind im Internet über
http://dnb.d-nb.de abrufbar.

ISBN 978-3-7073-0554-6 (Print)
ISBN 978-3-7094-0517-8 (E-Book-ePub)
ISBN 978-3-7094-0518-5 (E-Book-PDF)

Es wird darauf verwiesen, dass alle Angaben in diesem Werk trotz sorgfältiger Bearbeitung
ohne Gewähr erfolgen und eine Haftung der Autoren oder des Verlages ausgeschlossen ist.

Umschlag: buero8
Redaktion: Cornelia Rüping
Satz: LINDE VERLAG Ges.m.b.H., Wien 2014

© LINDE VERLAG Ges.m.b.H., Wien 2014
1210 Wien, Scheydgasse 24, Tel.: 01/24 630
www.lindeverlag.de
www.lindeverlag.at
Druck: Hans Jentzsch u Co. Ges.m.b.H.
1210 Wien, Scheydgasse 31

INHALT

Inhalt

VORWORT

XING.com ist die führende deutschsprachige Business-Networking-Plattform. Mehr als 14 Millionen Mitglieder, davon rund sechs Millionen in Deutschland sowie jeweils über 600.000 in Österreich und der Schweiz, haben sich über XING vernetzt, jeden Tag kommen rund 3.000 neue hinzu. Die meisten Mitglieder nutzen das Potenzial der Networking-Plattform bisher nur zu einem kleinen Teil, dabei kann die Kontakt-, Kunden- und Jobsuche mit XING so einfach sein. Dieses Buch zeigt Ihnen, wie Sie auf Geschäftspartner, Auftrag- und Arbeitgeber direkt und ohne Umwege zugehen und sogar erreichen können, dass sich diese von sich aus bei Ihnen melden. Wer bei XING über ein gutes Netzwerk verfügt, muss keine Kaltakquise mehr betreiben und keine Initiativbewerbungen versenden.

Egal ob Sie sich gerade überlegen, XING-Mitglied zu werden, oder ob Sie XING schon seit Jahren intensiv nutzen, Sie werden in diesem Buch jede Menge Ideen und Anregungen finden, wie Sie mit weniger Zeitaufwand und erfolgreicher als bisher Ihr persönliches Netzwerk auf- und ausbauen. Wir erklären Ihnen dazu die gesamte Funktionalität von XING. Dabei geht es uns nicht nur darum, wie etwas technisch funktioniert, sondern wir wollen das soziale und inhaltliche Know-how vermitteln, um das Beste aus den Funktionen herauszukitzeln. Wir verraten, wo sich Funktionen verstecken, die kaum jemand kennt, und stellen Tools vor, mit denen Sie XING sehr viel effektiver nutzen können. Und das bereits in der sechsten Auflage!

Entstanden ist das Buch aus den von uns gemeinsam mit der XING AG in 30 Städten in Deutschland, Österreich und der Schweiz veranstalteten offiziellen XING-Seminaren. Es basiert auf den Fragen und Anregungen von inzwischen mehr als 10.000 Teilnehmern. Davon profitieren Sie als Leser dieses Buches: Sie erhalten praxisnahe und unmittelbar umsetzbare Tipps und Antworten auf alle wichtigen Fragen, die sich Ihnen auf Ihrem Weg vom neuen Mitglied zum XING-Powernutzer stellen werden. Wir wünschen Ihnen viel Spaß beim (Neu-)Entdecken von XING.

München/Hamburg, im Mai 2014
Dr. Andreas Lutz
und Joachim Rumohr

Kapitel 1:

Elf Arten, von XING zu profitieren

Wozu lässt sich eine Networking-Plattform wie XING überhaupt gebrauchen? Worin besteht der konkrete Nutzen? Je nach Branche und beruflichem Status werden Sie XING auf ganz unterschiedliche Art einsetzen. Es gibt mehr als einen Weg, von der Plattform zu profitieren. Die elf wichtigsten beschreiben wir im Folgenden.

XING als Kontaktdatenbank

Bisher waren Kontaktdaten auf Visitenkarten oder in Ihrer eigenen Adressverwaltung irgendwann veraltet. Nach einem Firmenwechsel stimmt auf einer Visitenkarte zum Beispiel oft nur noch der Name, alle anderen Daten sind unbrauchbar geworden. Haben Sie mit der betreffenden Person jedoch direkten Kontakt bei XING, müssen Sie Ihr Adressbuch nicht mehr pflegen, denn jedes aktive Mitglied hält seine Kontaktdaten selbst aktuell. Das ist besonders praktisch bei ehemaligen Arbeitskollegen oder Schul- und Studienfreunden, deren Kontaktdaten man selbst meist nicht im Auge behält. Deshalb freuen sich viele neue Mitglieder ganz besonders darüber, bei XING alte Kontakte wiederzuentdecken und aktivieren zu können. Wenn Sie diese Gelegenheit nutzen, können Sie Ihr Netzwerk mit geringem Aufwand ausbauen. Denn hier geht es um Menschen, die Sie schon lange kennen und zu denen grundsätzlich ein Vertrauensverhältnis besteht.

Machen Sie sich ein Bild von Ihrem Gesprächspartner

Wenn Sie mit einem neuen Kunden, Geschäftspartner oder Kollegen telefonieren, fragen Sie ihn doch, ob er ein Profil bei XING eingerichtet hat. So können Sie sich gleich im wahrsten Sinne des Wortes ein Bild von ihm machen. Auch wenn Sie mit einer bereits bekannten Person telefonieren, ist es hilfreich, ihr Profil aufzurufen. Dort finden Sie sicherlich gemeinsame Interessen und Gesprächsthemen, mit denen sich der Kontakt vertiefen lässt. Sie können auch nachschauen, ob Sie gemeinsame Kontakte haben, und sich kurz darüber unterhalten, woher Sie diese Personen kennen.

Fügen Sie neue Gesprächspartner gleich als eigene Kontakte hinzu und bitten Sie sie, den Kontakt zu bestätigen und die Daten freizugeben. Auf diese Weise ersparen sich beide Seiten den umständlichen Austausch per E-Mail oder am Telefon, denn Sie können die Daten direkt aus XING als vCard in Ihre Kontaktverwaltung übernehmen. Oder Sie nutzen den „XING-Connector für Outlook" zur automatischen Synchronisierung. So haben Sie auch auf Ihrem Handy stets die aktuellen Kontaktdaten.

Tipp

BILDER IN DER KONTAKTVERWALTUNG
Übernehmen Sie auch die Bilder Ihrer Gesprächspartner aus XING in die Kontaktverwaltung. Falls dies nicht (wie beim „XING-Connector für Outlook") automatisch erfolgt, können Sie die Bilddatei auf Ihrem Computer zwischenspeichern und dann durch Anklicken des dafür vorgesehenen Feldes in die Outlook-Karteikarte einspielen. Sobald Sie dies erledigt haben, erscheint das Porträt des Gesprächspartners im Kopfbereich aller E-Mails, die Sie von ihm erhalten. So haben Sie die betreffende Person immer vor Augen und erinnern sich sehr viel besser an sie oder ihn.

XING erleichtert die Kontaktpflege

Viel Zeit fließt in den Aufbau neuer Kontakte, aber vielversprechende bestehende Kontakte werden aus Zeitgründen allzu oft vernachlässigt. Aber nur, wenn Sie den Kontakt regelmäßig erneuern, können Sie ohne schlechtes Gewissen auch einmal um einen Gefallen bitten. XING hilft bei der Kontaktpflege, indem es Sie an die Geburtstage Ihrer direkten Kontakte erinnert, und informiert Sie, wenn einer Ihrer Bekannten die Stelle wechselt oder befördert wird. Zudem macht es Ihnen die Weitergabe interessanter Stellenangebote ganz leicht, ebenso das Empfehlen eines Kontakts an ein anderes Netzwerkmitglied.

All diese Funktionen bieten Gelegenheiten, dem Gesprächspartner einen kleinen Gefallen zu tun oder ihm eine Freude zu bereiten. Auch Veränderungen in den Feldern „Ich suche" und „Ich biete" werden Ihnen angezeigt, sodass Sie schnell mit einem Tipp oder einem Angebot darauf reagieren können. Außerdem können Sie erfahren, welche Termine Ihre Kontakte zugesagt haben, und sie eventuell persönlich treffen. Richtig genutzt, helfen Ihnen diese und weitere Benachrichtigungen dabei, den Kontakt auf unaufdringliche Weise zu pflegen.

Finden Sie potenzielle neue Geschäftskontakte

Bei XING finden sich enorm viele potenzielle Geschäftskunden, denn die Plattform richtet sich vor allem an Menschen, die mitten im Berufsleben stehen, insbesondere an Unternehmer und Freiberufler, Angestellte und Führungskräfte, Stellenanbieter und -suchende. Sie müssen hier nur die für Sie richtigen Kontakte finden. Sie können gezielt nach Mitgliedern aus Ihrer Branche oder Region suchen oder die Suche mit vielen weiteren Kriterien einschränken. Den Suchfilter können Sie dann speichern und sich täglich oder wöchentlich automatisch über jedes neue Mitglied informieren lassen, das den von Ihnen angegebenen Kriterien entspricht. Wenn Sie die Suche gekonnt eingrenzen und die sich ergebenden Kontakte gezielt anschreiben, können Sie Ihr Netzwerk systematisch um potenzielle neue Geschäftskontakte erweitern.

Präsentieren Sie Ihr Unternehmen

Schon zum Start der Funktion „Unternehmen" präsentierte XING mehr als 100.000 Unternehmensprofile, die aufgrund gleicher Firmenangabe automatisch generiert worden waren. Wenn nun zwei XING-Mitglieder die gleiche Firma als Arbeitgeber angeben, entsteht auf Antrag kostenlos ein eigenes Unternehmensprofil. Sind mehrere Mitarbeiter vertreten, erstellt die Plattform automatisch Statistiken zu Alter, Dauer der Firmenzugehörigkeit, Karrierelevel und anderen Unternehmen, mit denen die XING-Mitglieder unter den Mitarbeitern häufig verbunden sind. Ferner kann man das Unternehmen und seine Mitarbeiter grafisch ansprechend präsentieren und interessierte XING-Mitglieder per Update über Neuigkeiten informieren. Dadurch eröffnen sich zusätzliche Wege, um auf das eigene Unternehmen aufmerksam zu machen.

Umschiffen Sie Gatekeeper

Oft ist es kaum möglich, über die Telefonzentrale einer Firma den richtigen Ansprechpartner herauszufinden, geschweige denn, mit ihm verbunden zu werden. Über XING können Sie direkt den zuständigen Mitarbeiter ermitteln und bei ihm anrufen. Oder Sie finden einen Mitarbeiter in der Zielfirma und lassen sich von ihm an den gewünschten Ansprechpartner weiterempfehlen. Mithilfe von XING können Sie leicht herausfinden, ob einer Ihrer Kontakte jemanden kennt, der dafür infrage kommt. So sparen Sie viel Zeit und rufen nicht als völlig Fremder an. Der Kontaktpartner benötigt vielleicht gerade jetzt Ihre Hilfe und schätzt sicherlich, dass er sich bei gemeinsamen Bekannten über Sie erkundigen kann.

Zusammenarbeit über Städte- und Ländergrenzen hinweg

XING hat Mitglieder in mehr als 200 Ländern und wird in 16 Sprachen angeboten. Deshalb finden Sie über die Plattform auch in anderen Städten sowie im Ausland schnell Kooperationspartner sowie private Kontakte. Prüfen Sie vor Geschäftsreisen, welche anderen Mitglieder Sie bei einer solchen Gelegenheit persönlich kennenlernen wollen, und vereinbaren Sie einen oder mehrere zusätzliche Termine.

Einladungsmanagement leichtgemacht

Die Funktionen im Bereich „Events" vereinfachen die Organisation von Veranstaltungen dramatisch. Das beste Beispiel sind die in allen größeren Städten stattfindenden XING-Regional- und Branchentreffen, die eine hervorragende Gelegenheit bieten, andere Mitglieder persönlich kennenzulernen. Die komplette Abwicklung der Einladungen, das Ticketmanagement sowie das Führen der Teilnehmerliste erfolgt über XING. Auch Sie können diese mächtige Terminfunktionalität nutzen, um Ihre Seminare und Events bekanntzumachen und organisatorisch zu bewältigen.

Marketing mit Erlaubnis

Wer Ihrer Kontaktaufnahme bei XING zustimmt, erlaubt Ihnen das Marketing in eigener Sache: Mitglieder dürfen ihre Kontakte gezielt wegen Veranstaltungen anschreiben. In einer Welt, in der herkömmliches Marketing kaum noch funktioniert, weil die Menschen gegen Werbung resistent geworden sind, kommt der Erlaubnis, andere gezielt über bestimmte Themen und Veranstaltungen informieren zu dürfen, besondere Bedeutung zu. Machen Sie davon sparsam Gebrauch, denn es handelt sich dabei um ein Privileg, das Ihnen von Ihren Kontakten bei XING auch schnell wieder entzogen werden kann, wenn Sie deren Vertrauen enttäuschen.

Achten Sie daher bei Termineinladungen beispielsweise darauf, dass die eingeladenen Personen in der Nähe des Veranstaltungsorts wohnen und sich für das Thema grundsätzlich interessieren. Fragen Sie besser nach, wenn Sie sich nicht sicher sind, und laden Sie nicht einfach alle Ihre Kontakte zu jedem Ihrer Events ein.

Experten finden und Wissensaustausch betreiben

Gruppen eignen sich hervorragend, wenn Sie sich schnell über ein Thema informieren und Experten ausfindig machen wollen. Viele Mitglieder nutzen die Profil- und Gruppensuche, um gezielt Dienstleister und Produktanbieter mit speziellem Know-how zu finden. Sie schätzen die Möglichkeit, vorbei an Hotlines, Callcentern und Vertriebsmitarbeitern direkt mit dem richtigen Ansprechpartner zu kommunizieren. Wenn Sie sich mithilfe von schnellen Reaktionen auf Nachrichten sowie durch hilfreiche Beiträge in Gruppen als Experte positionieren oder sogar eine eigene Fachgruppe moderieren, ergeben sich daraus oftmals konkrete geschäftliche Kontakte.

Selbstmarketing: Machen Sie sich zur Marke

Wer sich bei XING aussagekräftig präsentiert, gute eigene Kontakte und über diese auch viele interessante mittelbare Kontakte entwickelt, schafft damit Vertrauen in seine Person. Durch das gegenseitige Kennen und Anerkennen entsteht soziales Kapital. Das ist besonders wichtig bei der Stellensuche – der künftige Arbeitgeber kann sich ganz gezielt über den neuen Mitarbeiter informieren, auch indem er gemeinsame Bekannte befragt.

Je höher die Position ist, um die es geht, desto wichtiger ist der Faktor Vertrauen. Gleiches gilt für die Beauftragung aller Arten von Leistungen, die nicht im Vorhinein exakt zu vereinbaren sind. Und weil Vertrauen auch für sie so wichtig ist, schätzen Journalisten und andere Multiplikatoren XING. Sie können hier schnell die richtigen Gesprächspartner finden und deren Reputation überprüfen.

Ebenfalls nützlich können in diesem Zusammenhang spezielle Funktionen sein, zum Beispiel „Referenzen": Ganz unkompliziert können Sie andere XING-Mitglieder um eine Art kurzes Empfehlungsschreiben zu einer Station Ihres Lebenslaufs bitten – oder andere formulieren von sich aus ein solches.

Kapitel 2

Die häufigsten Fragen zu XING

Manche Unklarheiten tauchen im Zusammenhang mit der Nutzung von XING immer wieder auf. Auf den folgenden Seiten finden Sie Antworten auf Fragen wie „Kann ich XING auch ohne Premium-Mitgliedschaft nutzen?", „Sind meine persönlichen Kontaktdaten für jeden sichtbar?", „Was bedeutet ‚bestätigter Kontakt'?" oder „Wie reagiere ich auf Kontaktanfragen von Unbekannten?".

Kann ich XING auch ohne Premium-Mitgliedschaft nutzen?

Den überwiegenden Teil der Funktionen bei XING können Sie als Basis-Mitglied ohne Einschränkungen nutzen. Allerdings steht beispielsweise eine effektive Suche nur den Premium-Mitgliedern offen, da viele Suchoptionen für Basis-Mitglieder gesperrt sind. Und auch auf die vielfältigen Funktionalitäten im Premium-Bereich haben Basis-Mitglieder keinen Zugriff. Dort finden Sie zum Beispiel die wichtige Liste der letzten Besucher des eigenen Profils. Sie können zudem sehen, welche Veränderungen sich im eigenen Netzwerk in Bezug auf Firmen- und Positionswechsel oder Kontaktdaten ergeben haben. Und Sie finden dort Mitgliederlisten mit möglichen Übereinstimmungen, beispielsweise in Bezug auf gemeinsame Kontakte, gleiche Firmenzugehörigkeiten oder Interessen, und können die aufgeführten Mitglieder daraufhin kontaktieren und in Ihr eigenes Netzwerk aufnehmen.

Ferner erhalten Premium-Mitglieder vielfältige Vorteilsangebote in Form von Vergünstigungen bei Mietwagen, Seminarraumanmietungen, Diensten wie Blinkist oder Welt Digital sowie Einkaufsgutscheine zum Onlineshopping bei REWE.

Zusätzlich ist die Kontaktaufnahme erschwert, denn es können nur Nachrichten an direkte Kontakte verschickt werden. Dies lässt sich jedoch umgehen, indem man im Profil desjenigen, den man kontaktieren möchte, nach einem Eintrag zur Firmen-Homepage sucht und die entsprechenden Angaben zur Kontaktaufnahme dort recherchiert.

Letztlich finanziert sich XING indirekt auch über die Basis-Mitglieder durch Werbung. Diese Einblendungen erschweren aber an keiner Stelle die Nutzung von XING.

Wie wird XING ausgesprochen und warum wurde openBC zu XING?

Für die Aussprache von XING gibt es mehrere Varianten, zum Beispiel „Sing", „Crossing", „Tsching2 oder auch „X-ING". In der XING AG selbst spricht man den Namen „Ksing" aus.

Die Namensänderung von openBC zu XING im Jahr 2006 war vor allem aufgrund der verstärkten Internationalisierung der Networking-Plattform nötig. Von einigen Nutzern, insbesondere in den englischsprachigen Ländern, wurde das Wort „open" als Übersetzung für „offen" oder „unsicher" interpretiert und das Kürzel „BC", das eigentlich „Business Club" bedeutet, als „before Christ" missverstanden. Diese Kombination war natürlich in keiner Weise als Name für ein Business-Netzwerk geeignet.

Vermutungen, dass der Name „XING" zur Eroberung des chinesischen Markts gewählt wurde, sind falsch. Das Wort „XING" hat im Chinesischen dutzende von Bedeutungen und ist außerdem ein gebräuchlicher Familienname – so wie in Deutschland Huber oder Müller.

Die Bezeichnung „Crossing" kommt aus Amerika. Dort steht auf Straßenschildern das Wort „XING", es deutet auf eine Kreuzung hin. Daher kommt die Bedeutung „kreuzen", was jedoch nichts mit der deutschen Plattform „XING" zu tun hat.

Sind meine persönlichen Kontaktdaten für jeden sichtbar?

Viele Internetnutzer zögern aus Gründen des Datenschutzes, sich bei Networking-Plattformen wie XING zu registrieren. Sie befürchten, dass jeder die eingegebenen Daten sehen und eventuell missbrauchen könnte, denn schließlich erscheinen sie ja alle auf der eigenen Profilseite. Diese Sorge ist aber unbegründet. In Ihrem Profil können Sie über die „Ansicht für Profilbesucher" (oben rechts) erkennen, welche Daten andere XING-Mitglieder von Ihnen angezeigt bekommen.

In der Grundeinstellung werden die XING-Profile auch Nicht-Mitgliedern angezeigt. Dazu muss das Profil jedoch in Suchmaschinen indexiert oder die Adresse des Profils bekannt sein. Um zu sehen, wie Ihr eigenes öffentliches Profil erscheint, gibt es einen Trick: Rufen Sie Ihre Profilseite auf und speichern Sie deren Webadresse. Die Adresse ist nach dem Schema https://www.xing.com/profile/vorname_zuname aufgebaut. Wenn Sie nicht das erste XING-Mitglied unter diesem Vor- und Zunamen sind, folgt zusätzlich eine Zahl. Loggen Sie sich jetzt bei XING aus und rufen Sie Ihre Profilseite erneut auf. Jetzt sehen Sie Ihr öffentliches Profil, wie es Nicht-Mitgliedern angezeigt wird.

Das Profil enthält keine persönlichen Informationen oder Kontaktdaten, viele Felder sind sogar ganz ausgeblendet oder nur verkürzt dargestellt. Es gibt also nicht nur eine Profilansicht und was angezeigt wird, hängt jeweils vom Betrachter und den von Ihnen erteilten Freigaben ab. Voraussetzung, dass Ihr Profil von außerhalb überhaupt aufgerufen werden kann, ist, dass Sie das in den Einstellungen zur Privatsphäre erlaubt haben.

Ihre Kontaktdaten sind außerhalb von XING in keinem Fall sichtbar. Dazu müssten Sie diese ins Portfolio oder in andere außerhalb von XING sichtbare Felder schreiben.

Was bedeutet „bestätigter Kontakt"?

Ein Kontakt innerhalb eines Netzwerks wird üblicherweise durch eine Verbindungslinie mit Pfeilen in beide Richtungen visualisiert. Die Pfeile bringen zum Ausdruck, dass die Personen sich gegenseitig kennen. Ganz ähnlich ist es bei XING: Wenn Sie ein Mitglied als Kontakt hinzufügen und der andere bestätigt dies, entsteht auf freiwilliger Basis eine Verbindung zwischen Ihnen, ein „bestätigter Kontakt".

Für Ihr Networking sind Verbindungen und Kontakte sehr wichtig. Bei einem großen Netzwerk haben Sie zum Beispiel die Möglichkeit, Kontakte, die davon profitieren könnten, einander vorzustellen. Oder Sie selbst werden in Ihrem Netzwerk von Ihren Netzwerkpartnern weiterempfohlen und anderen vorgestellt. Das ist aber nur dann sinnvoll und hilfreich, wenn sich die Personen in einem Netzwerk zumindest so gut kennen, dass sie überhaupt beurteilen können, wen sie jeweils welcher Person vorstellen wollen. Daher gilt: Um ein funktionierendes und gutes Netzwerk aufzubauen, sollten Sie Kontaktanfragen im Allgemeinen erst bestätigen, nachdem Sie sich mit dem anderen mehrfach ausgetauscht haben. Das kann online per XING-Nachrichten oder persönlich, zum Beispiel bei einem Networking-Treffen, geschehen.

Mit dem Bestätigen des Kontakts wird dem System von XING übermittelt, dass sich die beiden beteiligten Mitglieder kennen. Dadurch entstehen die sogenannten Kontaktpfade, andere Mitglieder können diese Verbindung von diesem Zeitpunkt an sehen.

Immer wieder liest man, dass der eigene Erfolg im Business-Networking von der Anzahl der Kontakte abhängt. Je mehr Kontakte, desto erfolgreicher ist man. Allein für den Zweck, möglichst schnell viele Kontakte aufzubauen, gibt es auf XING sogar mehrere Gruppen. Die Mitglieder vernetzen sich immer wieder untereinander und viele tun dies, ohne sich überhaupt zu kennen. Doch was nützen tausende Kontakte, wenn sich die Menschen im Grunde gar nicht füreinander interessieren? Überlegen Sie sich daher gut, ob Sie auf Quantität oder Qualität setzen, wenn Sie Ihr persönliches Netzwerk aufbauen.

Die Bestätigung eines Kontakts ist auch Voraussetzung dafür, andere Mitglieder zu Terminen einladen zu können. Sie bieten zum Beispiel regelmäßig Seminare oder andere Veranstaltungen an und veröffentlichen Ihre Angebote bei XING? Dann wird es sicher Mitglieder geben, die regelmäßig eine Einladung bekommen möchten. Beschränken Sie sich jedoch auf diejenigen, die sich wirklich für Ihre Seminare, Events und Vorträge interessieren.

Tipp

• •

KATEGORISIEREN SIE IHRE KONTAKTE

Auf XING ist es ganz einfach, neue Kontakte zu schließen. Damit Sie nicht die Übersicht verlieren, sollten Sie Ihre Kontakte – am besten von Anfang an – kategorisieren. Kennzeichnen Sie damit zum Beispiel die Personen aus Ihrer Kontaktliste, die Sie gerne zu bestimmten Anlässen einladen wollen. Das erleichtert Ihnen die Auswahl der Empfänger. Weitere Informationen dazu finden Sie in dem Kapitel 6.

• •

Wie reagiere ich auf Kontaktanfragen von Unbekannten?

Es gibt verschiedene Möglichkeiten, wie Sie mit Kontaktanfragen umgehen können. Der schnellste Weg ist natürlich, eine Anfrage einfach zu bestätigen. Dies ist immer dann unproblematisch, wenn Sie die betreffende Person bereits kennen. Schwieriger ist die Situation, wenn ein Ihnen vollkommen unbekanntes Mitglied auf Sie zukommt. Dafür sollten Sie eine Strategie festlegen, denn andernfalls müssen Sie bei jeder Anfrage aufs Neue überlegen, wie Sie reagieren wollen. Eine klare Haltung lässt sich bei der Antwort auf eine Kontaktanfrage auch besser kommunizieren, als wenn Sie in einem Fall zu nachgiebig sind und in einem anderen zu streng.

Selbstverständlich kommt es in erster Linie auf den Inhalt der Kontaktanfrage an. Bezieht sich der Absender auf Ihr Profil und meldet einen direkten Bedarf an Ihrem Angebot an, bestätigen Sie den Kontakt direkt. Melden Sie sich auch kurzfristig bei ihm, indem Sie ihn zum Beispiel anrufen oder seine Fragen beantworten und ihn um die Freigabe seiner Kontaktdaten bitten.

Es kommt auch vor, dass Kontaktanfragen eher schwammig formuliert sind und vage von „Vorteilen für beide Seiten", „Synergien" oder einer „Win-win-Situation nach Kontaktbestätigung" geschrieben wird. Fragen Sie in einem solchen Fall erst einmal mit einer Nachricht nach, wo denn die Vorteile genau liegen und wie die Win-win-Situation aussieht. So manches Mal werden Sie auf derartige Fragen keine Antwort bekommen, dann haben Sie es wahrscheinlich mit sogenannten Kontaktsammlern zu tun. Diese Personen haben gar keine Zeit und keine Lust, sich mit den Nachfragen zu beschäftigen. In anderen Fällen wiederum kann Ihre Nachricht durchaus zu einem Dialog führen. Dabei haben Sie die Chance, den anderen kennenzulernen, und vielleicht wollen Sie den Kontakt anschließend vertiefen und ausbauen. Die Bestätigung des Kontakts ist dann irgendwann ein logischer Schritt, wenn sich ein für Sie wertvoller Austausch entwickelt hat.

Sie können sich auch vornehmen, die Kontaktanfragen von Mitgliedern nur zu bestätigen, wenn Sie sie mindestens zweimal persönlich getroffen haben. Teilen Sie dem Anfragenden das dann mit und fordern Sie ihn auf, zu einem der nächsten offiziellen XING-Treffen zu kommen. Dort können Sie sich auf neutralem Boden und ohne Verpflichtungen kennenlernen. Sind Sie sich sympathisch und finden Gemeinsamkeiten, treffen Sie sich zu einem weiteren persönlichen Gespräch. Erst dann wird der Kontakt bestätigt. Von einer Kontaktbestätigung ohne jeden vorherigen Informationsaustausch sollten Sie generell absehen. Lehnen Sie durchaus auch Kontaktanfragen ab, wenn Ihnen dies richtig erscheint. Der andere wird darüber nicht automatisch informiert.

Wann sollte ich selbst einen Kontakt hinzufügen?

Nehmen Sie auf jeden Fall ehemalige oder aktuelle Kollegen, alte Schulfreunde, bestehende Geschäftspartner oder andere Menschen, die Sie bereits aus dem realen Leben kennen, in Ihr Netzwerk auf. Das ist nicht zuletzt deshalb sinnvoll, weil man über XING einfach in Kontakt bleiben kann. Wechselt ein Geschäftspartner zum Beispiel die Firma und übermittelt Ihnen seine neuen Kontaktdaten nicht, können Sie über XING trotzdem mit ihm in Verbindung bleiben.

Tipp

● ●

KONTAKTAUFNAHME FÜR BASIS-MITGLIEDER

Gehören Sie zu den XING-Mitgliedern, die den Dienst kostenlos nutzen? Vielleicht konnten Sie zunächst einen Monat lang kostenlos die Premium-Mitgliedschaft testen und sind nun wieder „Basis-Mitglied". Als solches können Sie auf die Funktion „Nachricht schreiben" nicht zugreifen. Viele nutzen daher die Funktion „Als Kontakt hinzufügen", denn dabei können bis zu 300 Zeichen Text geschrieben werden. Bedenken Sie dies auch als Premium-Mitglied. Nicht jede Kontaktanfrage hat zum Ziel, dass ein Kontakt bestätigt werden soll. Kommt die Anfrage von einem Basis-Mitglied, ist es eventuell sinnvoll, zunächst einmal mit einer normalen Nachricht zu reagieren. Es gibt noch weitere Möglichkeiten der Kontaktaufnahme für Basis-Mitglieder: Senden Sie dem anderen zunächst eine E-Mail. Zwar ist die E-Mail-Adresse standardmäßig nicht freigegeben, doch Sie können sie herausfinden: Schauen Sie im Profil nach, ob eine Firmen-Homepage angegeben ist. Hier finden Sie gerade bei Freiberuflern und Selbstständigen in der Regel die E-Mail-Adresse und können so direkt Kontakt aufnehmen.

● ●

Bei Menschen, die Sie noch nicht kennen, überlegen Sie zunächst, warum Sie sie zu Ihrer Kontaktliste hinzufügen wollen, und geben die Gründe dann auch in Ihrer Kontaktanfrage an. Oft ist es sinnvoll, zuerst einmal eine persönliche Nachricht an das betreffende Mitglied zu schreiben und damit den

Kontakt aufzubauen. Wenn beide Seiten einverstanden sind, wird dieser dann später bestätigt.

Überlegen Sie genau, warum Sie einen Kontakt hinzufügen wollen. Welche Erwartungen haben Sie? Was können Sie für den anderen und der andere vielleicht für Sie tun? Formulieren Sie das alles in Ihrer Kontaktanfrage so klar wie möglich. Wenn sich zeigt, dass ein Austausch für Sie und den anderen Beteiligten hilfreich ist, wird der andere den Kontakt bestätigen. Er hat die Gelegenheit genutzt, Ihre Anfrage zu hinterfragen, und weiß nun, ob er die Verbindung bestätigen will. Übrigens können Sie Ihre Kontaktdaten für ein Mitglied auch freigeben, ohne dass die- oder derjenige ein bestätigter Kontakt von Ihnen ist. Verwenden Sie in solchen Fällen die Funktion „Kontaktdatenfreigabe" im Profil des Mitglieds, dem Sie Ihre Kontaktdaten verfügbar machen wollen.

Kann ich Kontakte auch wieder löschen?

Gerade am Anfang, wenn man neu bei XING ist, kann es passieren, dass man erst einmal jede Anfrage bestätigt, weil viele „nette" Nachrichten eintreffen. Häufig entpuppen sich diese Kontakte später als Karteileichen und man würde sie am liebsten wieder loswerden. Nur wie? Darf man den Kontakt einfach löschen?

In der Liste der bestätigten Kontakte („Startseite", „Kontakte") findet sich genau diese Funktion. In der Tat ist es sinnvoll, Kontakte wieder zu entfernen, bei denen außer der Bestätigung nichts weiter passiert ist und kein weiterer Informationsaustausch stattgefunden hat. Wenn Sie einen Kontakt löschen, erscheint die Nachfrage, ob Sie das wirklich tun wollen und ob Sie eine Nachricht dazu senden möchten. Aus Gründen der Höflichkeit empfiehlt es sich, eine Nachricht an die betreffende Person zu versenden. Bewährt haben sich Formulierungen wie diese:

• •

Guten Tag,

ich habe kürzlich meine Kontaktliste überprüft und dabei festgestellt, dass unser Kontakt nie richtig zustande gekommen ist. Aus diesem Grund habe ich mich entschieden, unseren Kontakt wieder zu trennen. Sollten Sie dennoch an einem weiteren Austausch interessiert sein, freue ich mich auf Ihre konkrete Anfrage.

Mit freundlichen Grüßen

‹Name›

● ●

Wenn Sie keine Nachricht an den betreffenden Kontakt verschicken, erhält er keinen Hinweis darauf, dass Sie ihn aus Ihrer Liste der bestätigten Kontakte entfernt haben.

Kontakte, mit denen Sie einmal zu tun hatten, mit denen aber längere Zeit kein Austausch mehr stattgefunden hat, sollten Sie in Ihrer Liste behalten. Vielleicht ergibt sich doch noch einmal eine Gelegenheit, den an und für sich interessanten Kontakt zu reaktivieren. Durch die Verknüpfung via XING erfahren Sie, wenn solche entfernten Bekannten zum Beispiel ihre Position oder die Firma wechseln. Auch stehen sie in Ihrem Netzwerk weiter mittelbar zur Verfügung. Trennen Sie diejenigen Kontakte, mit denen Sie sich niemals wirklich ausgetauscht haben, aber räumen Sie nicht unüberlegt auf. Ein alter Kontakt kann manchmal ganz plötzlich sehr wichtig werden.

Wie wahre ich meine Privatsphäre?

Sie wollen nicht von jedem Mitglied kontaktiert oder angerufen werden? Sie möchten, dass niemand Ihre Kontaktliste sehen kann und Ihr Profil auf keinen Fall von Außenstehenden bei Google zu finden ist?

Das alles können Sie selbst bestimmen. Einerseits sind – wie bereits erwähnt – Ihre Kontaktdaten grundsätzlich nur für die Kontakte einzusehen, denen Sie eine entsprechende Freigabe erteilt haben. Andererseits stehen bei XING einige Funktionen zur Verfügung, mit denen Sie generell festlegen, welche Angaben wo zu sehen sind. Das bedeutet, dass Sie alle Kontaktdaten zunächst ohne Bedenken eintragen können, denn Sie entscheiden ja, wer überhaupt Zugriff darauf erhält. Wenn Sie beispielsweise große Sorge wegen unerwünschter Anrufe haben, dann achten Sie darauf, dass Sie bei den Unternehmensdaten (Bereich Berufserfahrung) die Unternehmens-Homepage nur eintragen, wenn darauf keine direkten Kontaktdaten von Ihnen zu finden sind.

Wichtige Einstellungen lassen sich links in der „XING-Leiste" unter „Einstellungen", „Privatsphäre" vornehmen. Hier können Sie unter anderem den Aufruf und die Auffindbarkeit Ihres Profils außerhalb von XING deaktivieren, Ihre direkten Kontakte unsichtbar machen, bestimmen, ob alle Mitglieder Ihnen Nachrichten übermitteln dürfen, und festlegen, wer den Bereich „Aktivitäten" auf Ihrem XING-Profil sehen darf. Zudem können Sie anhand dieser Einstellungen entscheiden, ob Ihre Artikel, die Sie in öffentlichen Gruppen verfassen, außerhalb von XING angezeigt werden. Ausführliche Hinweise zu diesen Einstellungen finden Sie in Kapitel 3.

Warum sind die Kontakte meiner Kontakte so wichtig?

XING errechnet für Sie die Größe Ihres Netzwerks und zeigt sie auf Ihrer persönlichen Startseite in Form von drei Kennzahlen an: Neben der Zahl Ihrer direkten Kontakte erfahren Sie auch die Zahl der Kontakte zweiten und dritten Grades.

Besonders interessant sind die Kontakte zweiter Ordnung. Diese Zahl sagt aus, wie viele Mitglieder es im gesamten XING-Netzwerk gibt, die jemanden kennen, den Sie auch als Kontakt in Ihrer Liste haben. Erahnen Sie das Potenzial, das sich dahinter verbirgt? Mit diesen Mitgliedern können Sie dank der indirekten Verbindung viel leichter Kontakt aufnehmen, als wenn Sie das mittels Kaltakquise tun würden, bei der Sie ja vollkommen unbekannte Kontakte ansprechen.

Doch schauen Sie sich zur Verdeutlichung zunächst einmal an, wie Ihr Kontaktnetzwerk und die Verbindung zu den Kontakten Ihrer Kontakte ohne XING aussehen. Sie (in der folgenden Grafik links dargestellt) kennen eine Reihe von Menschen, die wissen, welche Dienstleistung oder Produkte Sie Ihren Kunden anbieten.

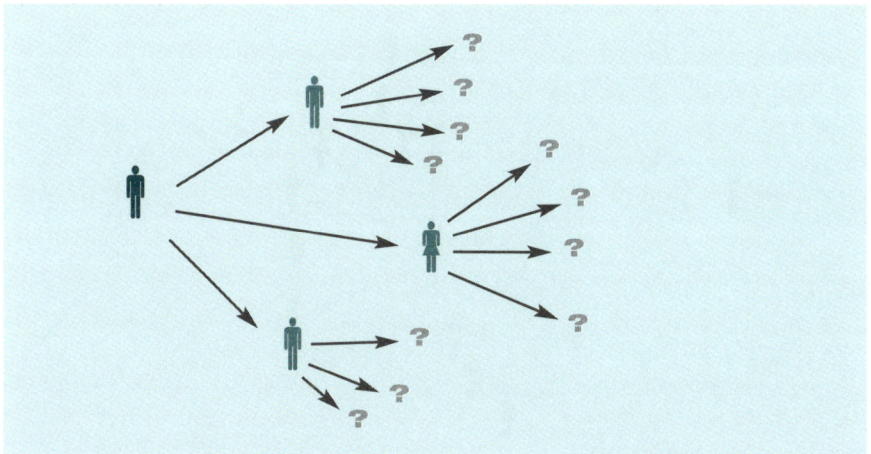

Jeder dieser direkten Kontakte kennt wiederum im Schnitt 200 andere Menschen. Leider wissen Sie nicht, wer das im Einzelnen ist. Normalerweise setzt man sich nicht gemeinsam hin und schaut in den Adressbüchern des anderen nach gemeinsamen Bekannten. Möglicherweise passiert das mal mit einem ganz guten Freund, doch ganz sicher nicht mit einem durchschnittlichen Kontakt.

Wir alle vertrauen vielmehr darauf, dass wir vom anderen schon weiterempfohlen werden. Doch das wird immer nur dann geschehen, wenn zufällig über Ihre Ware oder Ihre Dienstleistung gesprochen wird. In solchen Momenten erinnert sich Ihr Kontakt vielleicht wieder an Sie und spricht gegebenenfalls einem Dritten gegenüber eine Empfehlung aus. Nutzen Sie dagegen zur Pflege und zum Aufbau Ihres Netzwerks XING, dann sind die Kontakte Ihrer Kontakte für Sie ohne Rückfragen sofort sichtbar – was richtig genutzt, große Vorteile für Sie hat.

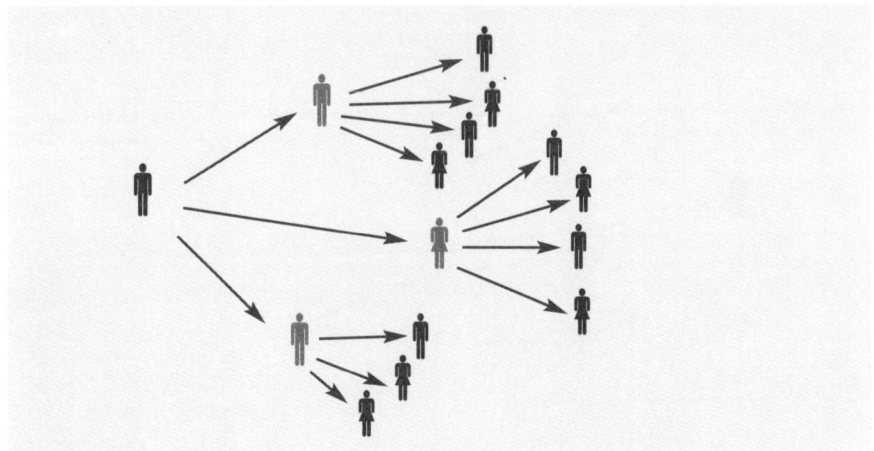

Hinzu kommt, dass Sie mit XING gezielt in genau dieser Gruppe von Menschen suchen können. Indem Sie den entsprechenden Filter aktivieren, ist sichergestellt, dass zwischen Ihnen und jedem gefundenen Mitglied immer nur eine Person steht. Über diese Verbindung können Sie das gefundene Mitglied kontaktieren und sprechen es somit nicht als ganz Fremder an. Wie Sie genau in den Kontakten Ihrer Kontakte suchen, wird in Kapitel 4.

●●●

ZUR SICHTBARKEIT DER EIGENEN KONTAKTE

Die Offenlegung der eigenen Kontakte kann, wie schon beschrieben, in den Einstellungen zur Privatsphäre deaktiviert werden. Die Standardeinstellung für neue Mitglieder besteht aber darin, dass im Sinn des Networkings alle Kontakte gezeigt werden. Dabei belassen es die meisten Mitglieder auch. Diese Strategie ist sinnvoll, denn so können alle von den Kontakten der jeweils anderen profitieren. Hingegen ist das Verbergen der eigenen Kontakte für bestimmte Berufe, zum Beispiel für Personalberater, empfehlenswert. Hier hat die Privatsphäre der eigenen Kunden Vorrang. In den vorgenannten Kontaktpfaden sind Ihre Kontaktverbindungen jedoch immer durchsuchbar, das lässt sich nicht abschalten!

●●●

Wie Sie die elf dümmsten Fehler bei XING vermeiden

Es gibt einige Dinge, die Sie während Ihrer Aktivität bei XING in jedem Fall vermeiden sollten. Die folgende Liste erhebt keinen Anspruch auf Vollständigkeit, sondern stellt elf typische Fallen vor.

Ein Profil einstellen und abwarten, was passiert

XING lässt sich sehr gut mit einem Schweizer Taschenmesser vergleichen: Die meisten Mitglieder kennen nur einen Bruchteil der Funktionen. Und es gibt eine weitere Analogie: In den XING-Seminaren melden sich jeweils etwa 50 Prozent der Teilnehmer bei der Frage, ob sie ein derartiges Messer besitzen – davon höchstens zehn Prozent wiederum benutzen es wirklich regelmäßig.

Ähnlich ist es bei vielen XING-Mitgliedern. Sie haben ein Profil erstellt und warten nun gespannt, was passiert, ohne selbst etwas zu tun. Das ist genau dasselbe, als würden Sie sich Prospekte drucken lassen, die Sie aber nur in Ihren eigenen Räumen zur Mitnahme auslegen. Das reicht nicht aus. Wenn Sie XING wirklich erfolgreich nutzen wollen, müssen Sie aktiv werden. Finden Sie Menschen, die Sie kennen, und verknüpfen Sie sich mit ihnen. Suchen Sie Mitglieder, die Ihre Dienstleistungen oder Waren benötigen könnten, und kontaktieren Sie sie. Beteiligen Sie sich an Gruppen und besuchen Sie Networking-Events, um Ihr Netzwerk ständig zu erweitern.

Kein Bild oder ein unscharfes oder unpassendes Bild im Profil

Mit einem Foto im eigenen Profil zeigt ein Mitglied Persönlichkeit und die Profilbesucher können sich im wahrsten Sinne des Wortes ein Bild von der Person machen. Schauen Sie sich einmal ein Profil mit einem Foto und anschließend eines ohne an. Welche Wirkung hat das auf Sie? Bedenken Sie jedoch, dass unscharfe oder sehr persönliche Aufnahmen zu negativen Schlussfolgerungen über Sie führen können. Welches Bild wollen Sie den anderen Mitgliedern, unter denen sich potenzielle Auftrag- und Arbeitgeber befinden, von sich vermitteln?

Sehen Sie sich die Bilder anderer Mitglieder an und überlegen Sie, welchen Eindruck von der Person sie vermitteln. Dann können Sie ganz bewusst ein geeignetes Foto von sich selbst auswählen oder gegenüber dem Fotografen genaue Vorstellungen äußern. Mehr zum Thema gelungenes und passendes Foto erfahren Sie in Kapitel 3.

Keine Reaktion auf Antworten zu eigenen Beiträgen

Ein Mitglied schreibt eine Frage als Beitrag in einer Gruppe mit der entsprechenden fachlichen Ausrichtung und bekommt Antworten mit Rückfragen dazu. Schade, wenn dieses Mitglied darauf nicht reagiert. Andere Gruppenmitglieder wollen helfen, doch ihre Beiträge laufen ins Leere. Der anfangs Fragende hat in so einem Fall sein Anliegen wohl bereits geklärt und vergessen, im Forum einen entsprechenden Hinweis für die anderen Diskussionsteilnehmer zu hinterlassen.

Sich zu einem Networking-Event anmelden und nicht erscheinen

Vor einem Networking-Event schauen die angemeldeten Teilnehmer häufig in die Gästeliste, um zu prüfen, wer von den eigenen Kontakten vor Ort sein wird oder welche interessanten Menschen sie dort eventuell kennenlernen können. Doch immer wieder melden sich Mitglieder für solche Veranstaltungen fest an und erscheinen dann nicht. Das ist nicht nur für den Veranstalter ärgerlich, der den Event genau für die Anzahl an Gästen plant, die fest zugesagt haben. Auch anwesende Teilnehmer suchen oft unnötig lang nach Mitgliedern, die laut Gästeliste anwesend sein sollten. Melden Sie sich daher besser mit einem „Vielleicht" zu einer solchen Veranstaltung an, wenn Sie noch nicht wissen, ob Sie auch wirklich kommen können. Geben Sie Ihre feste Zusage erst, wenn Sie sich sicher sind.

Nicht auf Nachrichten reagieren

Ein Mitglied bekommt eine Anfrage über XING und reagiert nicht darauf. Das passiert immer dann, wenn das Eintreffen einer Nachricht gar nicht bemerkt wird. Wer XING nicht regelmäßig nutzt und zugleich keine E-Mail-Benachrichtigung über neue Nachrichten erhält, kriegt gar nicht mit, dass wichtige Mitteilungen auf ihn oder sie warten. Das ist umso ärgerlicher, wenn es sich um konkrete Anfragen zu Dienstleistungen oder Produkten handelt. Wenn Sie XING nicht so häufig nutzen, sollten Sie die E-Mail-Benachrichtigung deshalb angeschaltet lassen. Den Hinweis, dass Sie eine Nachricht empfangen haben, können Sie in der „XING-Leiste" unter „Einstellungen" bei „Benachrichtigungen" aktivieren.

Kontakte sammeln, ohne sie zu pflegen

Vielleicht ist Ihnen das auch schon aufgefallen: Es gibt Mitglieder, die innerhalb kürzester Zeit tausende von Kontakten „sammeln" und sich so ein großes Netzwerk aufbauen. Doch es ist unvorstellbar, dass dann noch eine effektive Kontaktpflege möglich sein soll. Es besteht die Gefahr, dass die so gesammelten Kontaktdaten in andere Systeme übertragen werden, über die sich Massen-E-Mails versenden lassen. Fallen Sie nicht auf solche Kontaktsammler herein, sondern prüfen Sie ganz genau, welche Kontaktanfragen Sie tatsächlich bestätigen wollen. Wie Sie dabei vorgehen, wissen Sie ja schon.

Solange Sie Ihre Kontaktdaten nicht freigegeben haben, kann Ihnen aber nicht viel passieren, denn der Kontaktsammler hat dann keinen Zugriff auf Ihre E-Mail-Adresse. Wenn Sie von ihm unerwünschte Nachrichten via XING erhalten, können Sie den Kontakt beenden und sogar den Nachrichtenempfang von diesem Mitglied sperren. Sie sind also sehr effektiv gegen unerwünschte Werbung und andere Belästigungen geschützt.

Eine Gruppe eröffnen und sich nicht darum kümmern

Jeder kann im XING-Netzwerk eine eigene Gruppe beantragen und aufbauen. Manche Gruppen werden jedoch nie wirklich aktiv. Der Moderator lädt keine neuen Mitglieder ein und versäumt es, sein Vorhaben bekanntzumachen. Wenn Sie selbst eine Gruppe eröffnen wollen, dann lesen Sie das Kapitel 9. Hier erfahren Sie, wie Sie es als angehender Moderator besser machen, als gerade beschrieben, und worauf besonders zu achten ist.

Event ohne Beschreibung anlegen

Manche Ankündigungen für Seminare und Firmenpräsentationen bei XING enthalten so gut wie keine weiteren Informationen zum Event. Das führt entweder dazu, dass sich kaum jemand anmeldet. Oder beim Veranstalter fragen unter Umständen sehr viele Mitglieder nach, die mehr über die Rahmenbedingungen und Inhalte erfahren wollen. Das kostet Zeit und manches Mal sicher auch Nerven. Wenn Sie eine Veranstaltung ankündigen, gilt daher: Formulieren Sie eine möglichst ausführliche Terminbeschreibung, die alle wichtigen Informationen für interessierte Mitglieder enthält.

Fehlerhafte oder missverständliche Angaben im Profil

Haben Sie so etwas auch schon gesehen? Immer wieder fallen in Profilen Tippfehler bei den Unternehmens-Homepages auf. Der Versuch, die entsprechende Seite aufzurufen, erzeugt lediglich eine Fehlermeldung. Kontrollieren Sie derartige Daten, indem Sie selbst die entsprechenden Links und Funktionen anklicken, während Sie Ihr Profil einrichten.

Ebenso können korrekt eingetragene Angaben fehlerhafte Reaktionen provozieren. Vor allem Frauen passiert es immer wieder, dass sie von anderen Mitgliedern unerwünschte private Angebote bekommen. Das passiert besonders häufig, wenn das Profilbild eine Freizeitsituation und die Betreffende in fröhlicher Stimmung zeigt. Wenn dann im Feld „Ich suche" „nette Kontakte" steht und unter „Interessen" vielleicht noch zusätzlich „Tanzen" eingetragen ist, führt dies beim einen oder anderen Mitglied zu Missverständnissen. Beugen Sie dem vor, indem Sie ein Bild in Ihr Profil stellen, das eindeutig beruflich wirkt. Ändern Sie außerdem Ihre Einträge ab, zum Beispiel „nette Kontakte" in „nette Geschäftskontakte" und „Tanzen" in „Formationstanz in der Tanzschule".

Andere Mitglieder mit Spam nerven

Es gibt klare Regeln für den Versand von Nachrichten an Mitglieder, die keine direkten Kontakte des Absenders sind. Sie stehen bei Nicht-Kontakten jeweils unter dem Formular zur Nachrichteneingabe und in den Allgemeinen Geschäftsbedingungen (AGB) von XING. Danach muss man sich bei der Kontaktaufnahme zum Beispiel immer auf das Profil und die darin befindlichen Felder „Ich suche"/„Ich biete" beziehen. Trotzdem kommt es immer wieder vor, dass Werbebotschaften ohne jeglichen Bezug zum Profil des

Empfängers versendet werden. Wer sich so verhält, bekommt relativ schnell Abmahnungen von XING und wird bei fortwährendem Missbrauch gesperrt.

Damit Sie gar nicht erst in den Verdacht kommen, Spam zu verschicken, beziehen Sie sich gegenüber Unbekannten am besten immer auf die Felder „Ich suche"/„Ich biete". Personalisieren Sie zudem Ihre Nachrichten und unterlassen Sie Massenaussendungen, dann werden Sie auch keine Abmahnung von XING erhalten.

Täglich dutzende Aktivitätsmeldungen in das Netzwerk senden

In der Grundeinstellung werden viele Aktivitäten der XING-Nutzer an das eigene Netzwerk gemeldet. Diese Meldungen erhält man von seinen direkten bestätigten Kontakten auf der Startseite von XING. Darin finden sich neben Statusmeldungen unter anderem Änderungen am Profil, neue Profilbilder, Jobangebote und Hinweise auf neue bestätigte Kontakte. So können, wenn Sie XING intensiv nutzen, sehr viele Meldungen entstehen. Die Folge kann sein, dass Sie von Ihren Kontakten ausgeblendet werden oder man gar einen losen Kontakt direkt wieder trennt, weil es dem anderen zu viel wird. Wirklich wichtige Meldungen werden vom Netzwerk in der Regel jedenfalls nicht mehr wahrgenommen. Überlegen Sie daher gut, welche Meldungen Sie automatisiert versenden lassen und was Sie in den Einstellungen zur Privatsphäre eventuell ganz abschalten.

Kapitel 3

Fliegender Start: erste Einstellungen und ein überzeugendes XING-Profil

Die effektive Nutzung von XING beginnt mit einem aussagekräftigen und vollständig ausgefüllten Profil. Wenn Sie ein klares Bild von sich vermitteln, ist die Chance am größten, dass andere Mitglieder nicht nur auf Sie aufmerksam werden, sondern auch direkt Kontakt mit Ihnen aufnehmen. Falsche Einstellungen hingegen sind oft der Grund dafür, dass Mitglieder ihre Ziele mit XING nicht erreichen. Richten Sie daher von Anfang an alles genau so ein, dass es zu Ihnen und zu Ihren Anliegen passt. Wie das geht, erklären wir Ihnen in diesem Kapitel.

Tipps und Tricks für eine gute Selbstdarstellung: Ihr Profil

Sie wissen es aus eigener Erfahrung: Oft dauert es nur Sekunden, bis Sie als Besucher sich grundsätzlich entscheiden, ob Sie ein Profil ausführlicher anschauen oder gleich wieder weiterklicken. So geht es natürlich auch den anderen Mitgliedern bei XING. Zeigen Sie deshalb in Ihrem Profil ganz klar, wer Sie sind. Für eine gelungene Selbstdarstellung reicht es nicht aus, ein gutes Foto einzustellen. Vielmehr tragen alle Inhalte Ihres Profils dazu bei, dass sich Besucher tatsächlich ein Bild von Ihnen machen können.

Das Foto: Bilder sagen mehr als tausend Worte

Mit einem guten Foto zeigen Sie dem Betrachter einen großen Teil Ihrer Persönlichkeit. Bedenken Sie aber, dass die Bilder bei XING manchmal auch in kleineren und runden Formaten zu sehen sind. Prüfen Sie also, wie das gewählte Bild dann wirkt, es sollte in jeder Größe überzeugend wirken. Meist sind Bilder mit einem helleren Hintergrund für die Vorschau in kleinem Format wesentlich besser geeignet.

Wählen Sie außerdem ein Foto aus, das Ihrer Zielsetzung entspricht. Sind Sie zum Beispiel auf Jobsuche, empfiehlt es sich, ein Bild zu verwenden, das Sie bedenkenlos für Ihre Bewerbungsunterlagen benutzen würden. Wenn Sie geschäftliche Kontakte suchen, sind Freizeitbilder fehl am Platz.

Lassen Sie am besten professionelle Aufnahmen von einem Fachmann machen. Beachten Sie dabei aber, dass nicht jeder Berufsfotograf automatisch gute Porträtaufnahmen erstellt. Wenn Sie keinen Fotografen kennen, schauen Sie sich die Profile von Menschen aus Ihrer Stadt an und fragen diejenigen, deren Bilder Sie ansprechen, wen sie beauftragt haben. Denken Sie daran: Den allerersten Eindruck gewinnt ein Profilbesucher durch Ihr Foto und dafür gibt es bekanntlich keine zweite Chance.

Wenn Sie bereits gute Bilder haben und nicht wissen, wie Sie sie in das richtige Format für XING umwandeln, können Sie den kostenlosen Service von www.mypictr.com nutzen. Dort lassen sich alle Arten von Bildern schnell und einfach auf die passende Größe bringen. Das Angebot beinhaltet zwar keine Optimierung in Bezug auf die Bildqualität, doch das Zuschneiden, Verkleinern und anschließende Abspeichern sind einfach zu erledigen, das sollte jedem gelingen. Die Vorgaben für XING finden Sie sogar in einem Auswahlmenü, Sie brauchen also nicht einmal zu wissen, wie groß das Bild werden muss.

●●●

KLÄREN SIE MIT DEM FOTOGRAFEN DIE RECHTE

Klären Sie mit dem Fotografen genau ab, wie es sich mit den Rechten an den Porträtaufnahmen verhält. Achten Sie darauf, dass Sie die Fotos auch im Internet für die Gestaltung Ihrer Internetseite und für Profile bei Communitys wie XING nutzen dürfen. Ansonsten könnte es passieren, dass Ihr Fotograf später ein zusätzliches Honorar fordert und dabei das Recht auf seiner Seite hat. Fragen Sie den Fotografen schon vor der Auftragserteilung, ob er Ihnen einige ausgesuchte Bilder gleich im richtigen Format für Ihr XING-Profil liefert. Sie brauchen das ausgewählte Foto dann nur noch hochzuladen.

●●●

●●●●●●●●●●●●●●●●●●●●●●●●●●●●●●●●●●●●●

IM GESPRÄCH

Beatrice Hermann stellt sich vor: Ich bin eigentlich aus Bayern, lebe aber seit 2004 in Hamburg. Ich habe Kunst und Design in Würzburg und Fotografie in London studiert. Ich fotografiere Leute. Für Redaktionen. Für Werbung. Für Unternehmer und Unternehmen. Am liebsten nach dem Motto: echte Menschen statt steife Models. – People. Professionell. Persönlich.

Seit wann sind Sie Mitglied bei XING?
Seit April 2005.

Wie nutzen Sie XING für Ihre Arbeit?
XING ist für mich eins der wichtigsten Netzwerktools geworden. Da ich keinerlei Werbung mache, ist es somit auch mein stärkstes Akquisewerkzeug. Ich bin praktisch immer online.

In welchen Gruppen sind Sie aktiv?

Erst mal wurde ich sogar nur wegen einer XING-Gruppe, nämlich dem „Woman Entrepreneur Club", kurz WEC, XING-Mitglied. Ich habe auch lange Zeit die monatlichen „Hamburger Regionaltreffen" für den WEC organisiert.

Ich gebe zu: Online schreibe ich nicht so viel, das ist für mich ein riesiger Zeitfresser, aber für Live-Treffen bin ich jederzeit zu haben. Genauso ist das auch bei mir mit der Gruppe „XING Live Hamburg". Die Live-Treffen sind inzwischen zum Pflichtprogramm geworden. Besonders zu empfehlen ist hier das Cross-Table-Dinner. Das macht Spaß und irgendwie ergeben sich immer wieder interessante Kontakte.

Zudem treibe ich mich berufsbedingt bei den XING-Gruppen „Fotografen, Grafiker, Künstler, Designer", „Kunst und Kultur", „Künstlertreff@art" und „Eventwerker Hamburg" herum. Allerdings lese ich auch hier mehr, als dass ich online schreibe. Oder ich gehe nur zu den Networking-Veranstaltungen.

Im Repertoire sind wegen meiner Interessen noch die Gruppen „Filme, Kino, Klassiker", „Akquisition/Kundengewinnung", „Ich SUCHE ...-Empfehlungen und ganz heiße Tipps", „Networking – Hintergründe, Motive und Absichten" und „Querdenker-Club".

Ach ja, und von „brand eins" bin ich Fan und habe da natürlich auch ein Abonnement :-).

Haben Sie einen Tipp zur Nutzung von XING?

Mein Favorit ist das Profilbild. Ein Bild sagt mehr als tausend Worte, allerdings sollten es auch die richtigen sein! Wenn die Person auf dem Foto authentisch und sympathisch rüberkommt, ist das schon die halbe Miete. Passt dann noch der Auftritt zum Beruf und auch zur Persönlichkeit: klasse! Wenn das Bild zudem gut gemacht ist und man die Person darauf wiedererkennen kann: Volltreffer! Hilfreich für mich ist auch die Möglichkeit, Adressbücher abzugleichen. Ich arbeite mit Outlook und synchronisiere meine Kontakte mit den Daten bei XING. So halte ich beide Adressbücher immer auf dem neuesten Stand.

Was ist der Kern Ihrer persönlichen XING-„Erfolgsstory"?

Besonders meine Business-Porträts kommen bei den XING-Mitgliedern ungemein gut an. Ich habe noch nie Werbung dafür gemacht. Alle Interessenten für ein „Business-Shooting" kommen nach Empfehlungen von zufriedenen Kunden, die meisten davon über XING. Viele von ihnen bekommen viel positives Feedback und deutlich mehr Anfragen durch das neue Profilbild. Und mir erzählen sie dann immer wieder neue Erfolgsstorys, die durch das Bild entstanden sind. Und: Sie schicken mir neue Kunden. Das ist toll!

Besonders meine Business-Porträts kommen bei den XING-Mitgliedern ungemein gut an. Ich habe noch nie Werbung dafür gemacht. Alle Interessenten für ein „Business-Shooting" kommen nach Empfehlungen von zufriedenen Kunden, die meisten davon über XING. Viele von ihnen bekommen viel positives Feedback und deutlich mehr Anfragen durch das neue Profilbild. Und mir erzählen sie dann immer wieder neue Erfolgsstorys, die durch das Bild entstanden sind. Und: Sie schicken mir neue Kunden. Das ist toll!

Auch überregionale Aufträge haben sich ergeben: Durch XING hatte ich schon Kunden aus München, der Schweiz und Österreich, die extra fürs Shooting zu mir nach Hamburg gekommen sind. Außerdem habe ich mein Züricher Studio, in dem ich hauptsächlich Business-Shooting-Tage veranstalte, zum Teil auch einem XING-Business-Shooting-Kunden zu verdanken.

Bevorzugen Sie eine bestimmte Funktion bei XING?

Ja, die Powersuche: vor allem die „Besucher meines Profils", „Besucher meiner Firmen-Homepage", „Besucher meiner Über-mich-Seite".

● ●

Ihr Unternehmensname im XING-Profil

Ihr Bild, Ihr Name und der Unternehmensname tauchen im XING-Netzwerk immer wieder an verschiedensten Stellen in Kombination auf, zum Beispiel in der Liste der besuchten Profile bei anderen Mitgliedern, in Suchergebnislisten, in Gästelisten oder bei Gruppenbeiträgen. Vergleicht man das XING-Profil mit einem Ladengeschäft, dann gleicht die Angabe der Schaufensterbeschriftung. Nutzen Sie diese „Werbefläche" für Ihr Unternehmen sinnvoll und bringen Sie nach Möglichkeit zusätzlich zum Unternehmensnamen eine klare Aussage oder einen Slogan in diesem Feld unter. Vielleicht wollen Sie auch eine bestimmte Botschaft transportieren und damit das Interesse anderer Mitglieder wecken. Seien Sie dabei jedoch nicht zu werblich, sondern beschränken Sie sich auf die Information, was man bei Ihnen im „Laden" bekommen kann.

Im Folgenden finden Sie einige gute Beispiele für die optimale Nutzung dieses Feldes:

Peter Scheike
BÜROTEAM HAMBURG | Büro- & Arbeitsplatzkonzepte – mehr als pure Möblierung!

Uwe Hiltmann
Internet-Unternehmensberater
„Ich bringe Sie in Google auf 1!

Dirk Kreuter
Kreuter: neukunden mit garantie!

Susanne Krüger
REISEBOERSENETZ – Ihr Onlinereisebüro mit persönlichem Service

Dr. Andreas Lutz
gruendungszuschuss.de – Gut beraten durch die ersten Jahre der Selbständigkeit

Volkmar K. Lecke
Hansecode GmbH: Programmierung von Websites und Webanwendungen

Mit einem solchen Eintrag heben Sie sich deutlich von der Masse der XING-Mitglieder ab und machen den Betrachter auf sich aufmerksam. Ein gut gewählter Slogan an dieser Stelle kann die Menge der Klicks auf Ihr Profil und damit auch die Zahl interessanter Kontakte vervielfachen.

Haben Sie bei den gerade genannten Personen nachgeschaut und dort einen anderen Eintrag gefunden? Kein Wunder, denn viele, die ihr Profil optimieren, sehen das nicht als einmalige Aufgabe, sondern als fortlaufende Herausforderung. Ein Wechsel sorgt für neue Aufmerksamkeit auch bei bestehenden Kontakten.

DER EINTRAG IN KLAMMERN WIRD IGNORIERT

Falls Sie in einem großen Unternehmen arbeiten, sollten Sie den Slogan oder eine zusätzliche Aussage in runde Klammern setzen. Im Bereich der Unternehmensprofile werden die Mitarbeiter eines Unternehmens aufgrund des Firmennamens zusammengefasst. Das kann nur funktionieren, wenn bei allen Mitarbeitern das Gleiche steht. Die Inhalte in den runden Klammern innerhalb des Feldes „Unternehmensname" werden bei der Zusammenfassung ignoriert. Wenn Sie den Eintrag für den Unternehmensnamen ändern wollen, gehen Sie so vor: Klicken Sie im Bereich „Berufserfahrung" Ihres Profils beim aktuellsten Eintrag auf „Bearbeiten". Im Anschluss daran können Sie den Unternehmensnamen und die Position anpassen, die zugleich oben im Profil neben Ihrem Bild und Namen angezeigt werden. Gibt es in Ihrem Fall mehrere aktuelle Einträge und damit verschiedene Unternehmen, können Sie die Anzeige wechseln, indem Sie neben Ihrem Profilbild auf den Eintrag klicken und dann die aktuelle Tätigkeit auswählen.

Nutzen Sie den „Profilspruch" unter Ihrem Profilbild

Den Besucher Ihres Profils interessiert stets, ob er richtig bei Ihnen ist und ob Sie eine Lösung für ihn haben. Nutzen Sie den Profilspruch, um in ein bis zwei Zeilen zu erläutern, was Sie für den Besucher Ihres Profils tun können.

Setzen Sie außerdem Ihre Telefonnummer in das Feld, wenn Sie möchten, dass die Besucher Ihres Profils Sie anrufen können. Die Kontaktdaten müssen auf XING einzeln freigegeben werden, sie sind für einen Nicht-Kontakt daher nicht sichtbar.

Beachten Sie unbedingt auch, dass in der Grundeinstellung der Inhalt des Profilspruchs nach dem Speichern als Statusmeldung an Ihr Netzwerk gesendet und somit dauerhaft in Ihren Aktivitäten abgespeichert wird. Dies können Sie in den Einstellungen zur Privatsphäre abschalten.

●●●●●●●●●●●●●●●●●●●●●●●●●●●●●●●●●●●●●●

NUTZEN SIE DEN PROFILSPRUCH BEI ABWE-SENHEIT

Tragen Sie im Profilspruch auf jeden Fall ein, wenn Sie XING längere Zeit nicht nutzen. So kann jeder erkennen, dass Sie nicht sofort antworten werden. Als Freiberufler könnten Sie hier auch Ihre aktuelle Verfügbarkeit eintragen.

●●●

Das Portfolio

Ihr Bild, der Unternehmensname und Ihre Aussage im Profilspruch fallen als Erstes ins Auge, gleich danach können Sie die Aufmerksamkeit auf diesen Profilbereich lenken. Das Portfolio ist sozusagen die Auslage in Ihrem Schaufenster, um im Bild des Ladengeschäfts zu bleiben. Bringen Sie darin so deutlich und bildhaft wie möglich zum Ausdruck, wie Ihr Angebot aussieht. So kann ein Besucher schnell und einfach erfassen, was er von Ihnen erwarten kann. Als Angestellter können Sie hier eingeben, welche Aufgabe Sie übernommen haben und in welcher Art Unternehmen Sie arbeiten.

Nutzen Sie die Wirkung des Portfolios

Das Portfolio bietet viele Möglichkeiten zur freien Selbstdarstellung. Sie können sie zum Beispiel nutzen, um weitere Angaben zu Ihrer Person und/oder Ihren Dienstleistungen zu machen. Oder Sie stellen Ihren Lebenslauf ein, wenn Sie gerade auf Jobsuche sind. Auf jeden Fall sollten die Stichwörter, über die eine Suche wahrscheinlich zu Ihnen führt, in Ihren Formulierungen vorkommen. Denn bei der Stichwortsuche werden auch die Portfolio-Seiten der XING-Mitglieder einbezogen.

Um eine Anregung für den Aufbau und die Gestaltung eines Portfolios zu bekommen, besuchen Sie doch einfach einmal das Profil vom Autor Joachim Rumohr unter www.xing.com/profile/Joachim_Rumohr und sehen sich den Aufbau seines Profils an.

Bei der Gestaltung Ihres Portfolios können Sie interne und externe Links setzen, Ihren Text formatieren und Bilder einfügen. Eine gute Anleitung zur Bearbeitung des Portfolios finden Sie im Hilfe-Video auf dem YouTube-Kanal von XING https://www.youtube.com/user/XINGcom.

SO KÖNNEN SIE IHRE KONTAKTDATEN SICHT-BAR MACHEN

Viele Mitglieder würden ihre Kontaktdaten gern generell zur Verfügung stellen, doch sie müssen sie über die Kontaktdatenfreigabe für jedes Mitglied einzeln freigeben. Wenn es Ihnen auch so geht, nehmen Sie Ihre Kontaktdaten einfach zusätzlich im Portfolio auf. Dort kann sie jeder Besucher Ihres Profils finden und Sie direkt anschreiben oder anrufen. Diese Daten sind ja sowieso auf Ihrer eigenen Homepage außerhalb von XING für jeden Internetnutzer abrufbar.

Mithilfe von Bildern können Sie Ihre Seite noch weiter optimieren und gestalten. Abbildungen lockern den Text auf und motivieren den Betrachter, sich länger mit einer Information zu beschäftigen. Sollten Sie sich damit nicht auskennen, empfiehlt es sich, einen Grafikdesigner zu beauftragen.

Karrierewünsche bearbeiten

Oben rechts in Ihrem Profil können Sie hinterlegen, ob Sie an Karrierechancen interessiert sind. Die wichtigste Angabe ist Ihr grundsätzlicher Status. Dieser kann einer der folgenden sein: „Aktiv auf Jobsuche", „Nicht auf Jobsuche, offen für Angebote" oder „Derzeit kein Interesse an Jobangeboten".

Sofern Ihre Suche nicht jedem XING-Mitglied angezeigt werden soll, geben Sie an, dass die Einstellung nur von Recruitern gesehen werden darf.

Premium-Mitgliedern stehen zusätzlich Felder für den bevorzugten Arbeitsort, die Gehaltsvorstellung, das gewünschte Tätigkeitsfeld und die gewünschten Branchen zur Verfügung. Diese Auswahl wird jedoch nur Recruitern angezeigt, die den Talentmanager von XING nutzen.

Die Profildetails

Überlegen Sie sich, mit welchen Wörtern Sie nach Ihrem eigenen Angebot suchen würden. Fragen Sie auch Kunden, Kooperationspartner und Freunde, welche Begriffe sie benutzen würden, um auf Ihre Leistung zu stoßen. So erhöhen Sie die Chance, von anderen Mitgliedern gefunden zu werden. Ferner dienen die Suchbegriffe XING dazu, genaue Abgleiche zwischen Ihrem Profil und beispielsweise Jobangeboten oder Eventvorschlägen vorzunehmen.

TRENNEN SIE DIE BEGRIFFE DURCH KOMMAS

Sie müssen nicht für jeden Begriff ein neues Feld erzeugen. Schreiben Sie die gewünschten Begriffe einfach durch Kommas getrennt in ein Feld. XING macht daraus automatisch einzelne Einträge. So können Sie auch nachträglich einen Begriff schnell an der gewünschten Stelle nachtragen.

In das Feld „Ich suche" tragen Sie ein, was Sie im Netzwerk finden möchten. Damit können andere auf Sie als potenziellen Kunden aufmerksam werden. Stellen Sie sich vor, Sie brauchen einen Steuerberater. Durchsucht nun ein Steuerberater aus Ihrer Region die „Ich-suche"-Felder, findet er Ihren Eintrag und kann sich mit seinem Angebot bei Ihnen melden. Achten Sie jedoch darauf, dass Sie keine Umkehr der Inhalte aus dem Feld „Ich biete" einsetzen. Sind Sie selbst Steuerberater, sollte hier beispielsweise nicht stehen „Ich suche Firmen, die einen Steuerberater benötigen". Damit werden Sie höchstens von Ihren Wettbewerbern gefunden, nicht aber von möglichen Kunden.

WIE SIE DEN FREIEN AUSTAUSCH FÖRDERN

Begriffe wie „offener Austausch", „Querdenker", „Erfahrungsaustausch", „eine gute Tasse Kaffee", „spannende Buchempfehlungen" im Feld „Ich suche" bieten anderen Mitgliedern einen Anknüpfungspunkt, um Sie jederzeit anzuschreiben. Denken Sie dabei an die Regel, dass sich Nachrichten an Nicht-Kontakte an den Feldern „Ich suche"/ „Ich biete" orientieren sollen.

Schreiben Sie in das Feld „Ich suche" jeweils zusätzlich aktuelle Dinge hinein, beispielsweise „Seminarräume in Düsseldorf für bis zu 15 Personen", wenn Sie gerade danach suchen. So geben Sie Ihren Profilbesuchern einen möglichen Ansatz, mit Ihnen zu netzwerken und Ihnen eventuell eine Empfehlung aussprechen zu können.

● ●

IM GESPRÄCH

Christina Helmke stellt sich vor: Ich habe an der Universität Lüneburg Angewandte Kulturwissenschaften mit den Schwerpunkten Betriebswirtschaftslehre sowie Sprache und Kommunikation studiert. Nach, vor und während meines Studiums habe ich in Italien gelebt, studiert und zuletzt im Bereich Marketing auf einem Weingut in der Toskana gearbeitet. Seit 2006 lebe und arbeite ich in Hamburg, ich bin für die IT-Dienstleistungsfirma ergon Datenprojekte GmbH im Bereich Vertrieb und Marketing tätig.

Wie lange sind Sie bereits XING-Mitglied und wie haben Sie von XING erfahren? Ich bin Mitglied seit Februar 2006 und habe von XING, damals noch openBC, durch Freunde und ehemalige Studienkollegen erfahren. Ich war einige Zeit Basis-Mitglied, erst als ich angefangen habe, XING vorwiegend für meinen Job zu nutzen, bin ich Premium-Mitglied geworden.

Wie nutzen Sie XING hauptsächlich? Zunächst habe ich XING vor allem für privates Networking genutzt: Ich wollte alte Freunde und Bekannte wiederfinden, den Kontakt zu Studienkollegen halten. Erst nachdem ich Ihr ja erstmals 2008 erschienenes Buch gelesen hatte, wurde mir bewusst, welche Rolle XING für meinen Beruf spielt und wie es mir meine Arbeit erleichtern kann. Ich arbeite wie gesagt im Bereich Vertrieb und meine Hauptaufgabe ist es, Neukontakte zu akquirieren. Jeder, der im Vertrieb arbeitet oder gearbeitet hat, weiß, wie schwierig und wenig Erfolg versprechend die reine Kaltakquise ist. Durch das Buch habe ich gelernt, XING als Tool zu nutzen, um aus der Kaltakquise eine Warmakquise zu machen.

Damit meine ich ganz konkret die Funktion „Erweiterte Suche", mit der ich mir die richtigen Ansprechpersonen in den Firmen meiner Zielgruppe heraussuchen kann. Durch das Ausfüllen der Felder „Position (jetzt)", „Person sucht" und „Ort (geschäftlich)" kann ich meine Suche ganz effektiv auf die entsprechenden, potenziellen Gesprächspartner eingrenzen. Damit mir dabei keiner durch die Lappen geht, gebe ich bei „Person sucht" mehrere Stichwörter ein, durch ein OR verbunden, die genau das beschreiben, was unsere Firma anbietet.

Was ist Ihre wichtigste Erkenntnis? Welchen Tipp können Sie anderen Mitgliedern in vergleichbarer Situation geben?
Ich habe die Erfahrung gemacht, dass die telefonische Erstansprache sowohl für meinen Gesprächspartner als auch für mich viel einfacher und angenehmer wird, wenn ich schon im Vorfeld möglichst viele Informationen habe. Durch die erweiterte Suchfunktion ist es mir möglich, das XING-Profil meiner Ansprechpersonen zu finden und zu „scannen". Ich weiß also im Optimalfall schon vor einem Telefongespräch, was mein Ansprechpartner sucht, sodass ich mit meinem Akquiseanruf vom Bittsteller zum Problemlöser werde und daher ganz anders auftreten kann. Darüber hinaus ist es möglich, Informationen aus dem Profil, die die persönlichen Interessen meines telefonischen Gegenübers betreffen, mit in das Gespräch einfließen zu lassen: „Ach, Herr Müller, ich habe gesehen, dass Sie auch Mitglied in der Gruppe ‚XING Live Hamburg' sind. Waren Sie schon mal bei einem der Networking-Events?" Ich kann meinen Kollegen diese Art der „Warmakquise" nur weiterempfehlen.

● ●

Berufserfahrungen und Unternehmenseinträge

In der Rubrik „Berufserfahrung" geben Sie den Besuchern Ihres Profils eine Übersicht über Ihren Werdegang. Sie bestimmen selbst, wie viele Informationen Sie an dieser Stelle preisgeben wollen. Sie sind nicht dazu verpflichtet, jede einzelne Station Ihres Berufslebens aufzuführen. Wenn Sie zu denjenigen gehören, die viele verschiedene kurze Praktika absolviert haben, fassen Sie diese ruhig zu einem Posten zusammen, damit der Gesamteintrag übersichtlich wird. Außerdem sorgen Sie auf diese Weise dafür, dass die verschiedenen beruflichen Stationen in der richtigen Gewichtung zueinander stehen.

Die runden Kreise vor jeder Station passen sich automatisch je nach der Länge des Zeitraums einer Tätigkeit an. Die längste Tätigkeit bekommt den größtmöglichen Kreis. Alle anderen werden darauf abgestimmt angezeigt. Dies jedoch nur, wenn Sie auch die Monate im Bereich von/bis angeben.

Wie in einem Lebenslauf für die Bewerbungsunterlagen sollten auch bei XING die Einträge stimmig sein. Wenn frühere Tätigkeiten nicht zu Ihrem jetzigen Angebot als Selbstständiger passen, lassen Sie sie gegebenenfalls komplett weg und führen lediglich Ihr aktuelles Unternehmen auf. Haben Sie beispielsweise Ihr Hobby zum Beruf und sich als Designer selbstständig gemacht, ist es für einen potenziellen Auftraggeber sicher nicht motivierend, wenn Sie die letzten 17 Jahre als kaufmännische Kraft in der Buchhaltung beschäftigt waren.

Ihre Einträge werden vom System automatisch zeitlich sortiert. Wie schon beschrieben, können Sie bei mehreren aktuellen Tätigkeiten eine auswählen, die dann samt Angabe des „Unternehmens" zusammen mit Ihrem Bild und Ihrem Namen oben auf der Profilseite und in den unterschiedlichen Listen erscheint.

Gut zu wissen

• •

TRAGEN SIE MEHRERE BRANCHEN EIN

Jeder Tätigkeit kann eine Branchenkategorie zugewiesen werden, die hier zur Verfügung stehende Auswahl ist jedoch beschränkt. Nutzen Sie die Möglichkeit, andere als die vorgeschlagenen Branchen in das entsprechende Freifeld einzutragen. Diese Angaben werden bei der Mitgliedersuche nach Branchen ebenfalls herangezogen. Verwenden Sie möglichst verschiedene Schreibweisen. So sollten Sie als Coach und Seminaranbieter zusätzlich zu der Hauptbranche Coaching die Begriffe „Seminare", „Weiterbildung", „Ausbildung", „Seminaranbieter", „Fortbildung" und „Personalentwicklung" eintragen.

• •

Das Freifeld „Beschreiben Sie Ihre Position" können Sie nutzen, um weitere Informationen vor allem zu früheren Tätigkeiten einzutragen. Zum Beispiel wird die Angabe „leitender Angestellter" erst aussagekräftig, wenn Sie kurz beschreiben, welchen Teilbereich Sie geleitet haben und wie viele Mitarbeiter Ihnen unterstellt waren.

Überlegen Sie bei jedem einzelnen Feld, ob einer der auszuwählenden Einträge für Sie wirklich sinnvoll ist. Als Einzelunternehmer können Sie beispielsweise die Felder „Karriere-Level", „Unternehmensgröße" und „Art der Organisation" einfach leer lassen.

Wählen Sie die richtige Internetadresse

Falls die Kontaktdaten in einem Profil nicht freigegeben wurden, klicken viele Besucher die dort angegebene Internetadresse an und suchen nach der Telefonnummer oder E-Mail-Adresse des Mitglieds. Oft gestaltet sich dies (gerade bei großen Unternehmen) eher schwierig, weil Informationen zu einer bestimmten Person dann kaum oder gar nicht zu finden sind.

Falls eine Unterseite mit den entsprechenden Kontaktinformationen eingerichtet ist, tragen Sie die entsprechende Adresse hier direkt ein. Oder Sie verlinken auf eine speziell erstellte Einstiegsseite, die über die angegebene Adresse zu erreichen ist, und begrüßen dort die Besucher, die über Ihr XING-Profil hierher gekommen sind.

Ausbildung, Sprachen, Qualifikationen und Auszeichnungen

Haben Sie in diese Felder nichts eingetragen, werden sie in Ihrem öffentlichen Profil nicht angezeigt. Bei den Sprachen können Sie zusätzlich den Kenntnisgrad angeben, er wird dann durch farbige Balken dargestellt.

Organisationen, in denen Sie Mitglied sind

Es gibt für XING-Premium-Mitglieder einige Listen, die mit den obigen Feldern und Einträgen zu tun haben. In diesen werden Sie natürlich nur aufgelistet, wenn Sie Einträge in die entsprechenden Felder vorgenommen haben. Benutzen Sie stets die allgemein übliche Schreibweise, eventuell auch mehrere unterschiedliche Schreibweisen, damit Sie gefunden werden.

Wenn Sie nicht sicher sind, suchen Sie nach den verschiedenen infrage kommenden Begriffen, um die gängigsten Varianten herauszufinden. Schreiben Sie zum Beispiel nicht nur „LMU" oder „DAV", sondern „Ludwig-Maximilians-Universität München (LMU)" oder „Deutscher Alpenverein (DAV)". Nur so können Suchen wie „Mitglieder aus denselben Organisationen wie ich", „Mitglieder von denselben Hochschulen wie ich" oder „Derzeitige und ehemalige Kollegen" funktionieren und Verwechslungen vermieden werden. Die Abkürzung „DAV" könnte nämlich auch „Deutscher Arbeitgeberverband" oder „Deutscher Anglerverein" bedeuten.

Werden Sie persönlich und nennen Sie Ihre Interessen

Verleihen Sie Ihrem Profil Persönlichkeit, denn gerade beim Networking geht es nicht nur um Fakten und Business. Der menschliche Faktor ist dabei immens wichtig, Sympathie und Charakter sind oft entscheidende Einflussgrößen für den Erfolg. Indem Sie Ihre persönlichen Interessen in das entsprechende Feld eintragen, finden andere Mitglieder erste Anknüpfungspunkte für die Kontaktaufnahme und das erste Gespräch. Je ausführlicher Ihre Angaben hier sind, desto größer ist die Wahrscheinlichkeit, dass neue Kontakte gut zu Ihnen passen. Wer mit Ihren Angaben in diesem Feld nichts anfangen kann, der wird Sie gar nicht erst kontaktieren. Lesen Sie im folgenden Interview mit Peter Claus Lamprecht, wie er durch die Nutzung des Feldes „Interessen" einen seiner mittlerweile größten Kunden gefunden hat.

•••

IM GESPRÄCH

Peter Claus Lamprecht stellt sich vor: Ich bin Präsentationsberater. Meine Kunden sind Führungspersönlichkeiten, die häufig Wichtiges vorstellen, jedoch kaum Zeit haben, ihre Präsentation auszuarbeiten. Mit meiner Hilfe sparen sie Zeit, können überzeugend vortragen und ihr Publikum gewinnen.

Seit wann sind Sie Mitglied bei XING?
Seit Januar 2004.

Wie nutzen Sie XING für Ihre Arbeit?
XING ist ein wichtiger Bestandteil meiner Strategie zur Kundengewinnung. Als Moderator der Gruppe „Besser präsentieren!" habe ich mein Ohr ganz nah an meiner Zielgruppe und profitiere gleichzeitig von einem PR- sowie einem Mundpropaganda-Effekt. Darüber hinaus nutze ich XING zur Pflege meines Netzwerks, dessen Mitglieder mich häufig weiterempfehlen.

In welchen Gruppen sind Sie aktiv und warum?

Abgesehen von meiner Gruppe bin ich in etwa fünf weiteren Mitglied. Die sind wegen der Fachthemen für mich interessant, zum Beispiel die Gruppe „Power-Point". Wichtig finde ich auch Branchentreffs oder Netzwerke mit regionalen Veranstaltungen, zum Beispiel „Hamburg (Freie und Hansestadt Hamburg)".

Haben Sie einen Tipp zur Nutzung von XING?

Sorgen Sie dafür, dass Ihr XING-Profil nicht zu einer Karteileiche wird! Werden Sie daher in Gruppen aktiv und schreiben Sie öfter mal einen Fachartikel. Obwohl XING eine Online-Plattform ist, sind die „Offline"-Veranstaltungen meist viel wichtiger. Denn dort können Sie persönlichen Kontakt zu anderen XING-Mitgliedern bekommen.

Wie sieht Ihre persönliche XING-„Erfolgsstory" aus?

2006 nahm ein namhafter Konzern aus der Medizin- und Sicherheitstechnik Kontakt zu mir auf: Ein Mitarbeiter aus dem Bereich Unternehmenskommunikation hatte via XING nach Präsentationsdienstleistern im Hamburger Raum gesucht.

Da er maximal mit drei Anbietern sprechen wollte, filterte er das Suchergebnis nach subjektiven Kriterien. Mein Profil kam in die engere Wahl, da ich bei Interessen „Mojo Club" angegeben habe – der Mitarbeiter war dort früher einmal für das Marketing zuständig. Heute gehört das Unternehmen zu meinen größten Kunden, ich werde von meinen Kontakten dort immer wieder weiterempfohlen.

Haben Sie eine Lieblingsfunktion bei XING?

Von einer Lieblingsfunktion kann ich nicht wirklich sprechen – ich nutze neben den Gruppen gern die Statusmeldungen und schreibe Kommentare zu den Aktivitäten auf der Startseite. Fürs Netzwerken ist die praktische Empfehlungsfunktion wichtig. Häufig unterschätzt: die leistungsfähige Suche.

● ●

Weitere Profile im Netz

In diesem Bereich können Sie dem Besucher Ihres Profils anzeigen, wo Sie im Netz weitere Profile angelegt haben und noch zu finden sind.

Für Twitter und Blogs besteht die Möglichkeit, eine Vorschau der letzten Veröffentlichungen anzuzeigen. Für Twitter reicht es aus, die eigene Adresse einzutragen, Blogs können per RSS-Feed verknüpft werden. Erscheinen auf Ihrem so verbundenen Blog neue Artikel, werden sie automatisch als Netzwerkneuigkeit an Ihre Kontakte ausgeliefert.

Gruppen

Über die Anzeige Ihrer Gruppen entscheiden Sie selbst. Sollten Sie Mitglied in sehr vielen Gruppen sein, ist es sinnvoll, nicht alle anzuzeigen, da Sie sonst möglicherweise einen falschen Eindruck erwecken. Bei zu vielen Einträgen kann ein Profilbesucher auf den Gedanken kommen, dass Sie Ihre gesamte Arbeitszeit für Diskussionen bei XING nutzen. Legen Sie daher in den Einstellungen (oben rechts im Profil) fest, welche Mitgliedschaften der Besucher auf Ihrem Profil sehen soll.

Events

Der Reiter „Events" erscheint in Ihrem Profil, sobald Sie sich zu Events anmelden oder eigene Events über XING organisieren. Events, die Sie in diesem Bereich nicht anzeigen lassen wollen, können Sie mit einem Klick auf die rechte obere Ecke der entsprechenden Anzeige (es erscheint ein kleines Kreuz, sobald Sie mit dem Mauszeiger auf das Event zeigen) dauerhaft ausblenden.

Nutzen Sie die Profilvorschau

In Ihrem Profil können Sie fast alle Angaben direkt beim jeweiligen Eintrag bearbeiten und anpassen. Damit Sie es mit den Augen eines Besuchers betrachten können, wurde die Funktion „Zur Ansicht für Profilbesucher" eingerichtet. Wenn Sie dieses Feld rechts oben anklicken, wird Ihr Profil so angezeigt, wie es sich einem Besucher öffnet, der kein Kontakt von Ihnen ist. Ihre bestätigten Kontakte sehen Ihr Profil genauso, jedoch kommen die Daten hinzu, die Sie jeweils speziell für diese Person freigegeben haben.

In der Vorschau können Sie in Ihrem Profil nichts anklicken und keine Einträge bearbeiten. Wollen Sie diese Ansicht verlassen, klicken Sie auf „Editiermodus".

Einstellungen: So wahren Sie Ihre Privatsphäre

Im XING-Netzwerk bestimmen Sie selbst, wie offen oder privat Sie sein möchten. Wenn Sie neue Geschäftskontakte knüpfen und Ihr Netzwerk pflegen wollen, ist es sinnvoll, alle Standardeinstellungen zu belassen. Sie können die Einstellungen aber auch sehr detailliert an Ihre Bedürfnisse anpassen. Das ist über den Button „Einstellungen" in der XING-Leiste möglich. Gehen Sie alles einmal komplett durch und prüfen Sie die jeweiligen Optionen.

Zugangsdaten: Wählen Sie ein sicheres Passwort

Stellen Sie sich vor, ein Fremder würde sich unter Ihrem Namen bei XING anmelden und alle Ihre Kontakte löschen oder gar Ihr gesamtes Profil. Wenn Sie zuvor viel Zeit in das Networking investiert haben, könnte dies ein großer Schaden sein. Wählen Sie deshalb ein sicheres Passwort, das aus mindestens zehn Zeichen besteht und Groß- und Kleinbuchstaben sowie Zahlen und Sonderzeichen enthält. Benutzen Sie keine Namen, Geburtstage, Telefon- und Kontonummern. Auch Wörter oder Namen, die zu erraten sind (Hobby, Lieblingsverein, Künstler, Kennzeichen), sind nicht geeignet. Nutzen Sie möglichst kein Passwort, das Sie bereits für andere Logins oder Internetseiten verwenden.

Persönliche Daten: Angaben zur Person

In diesem Bereich geben Sie die Informationen zu Ihrem akademischen Grad und Titel ein. Ferner können Sie hier nach einer Namensänderung (beispielsweise nach einer Hochzeit) Ihren neuen Nachnamen angeben. Allerdings werden solche Änderungen von XING geprüft und können nicht einfach so erfolgen. Damit Sie auch unter Ihrem Geburtsnamen gefunden werden, geben Sie den hier ebenfalls an.

Wenn Sie XING international nutzen wollen

Bei den Angaben zu Ihrer Person sind auch Einstellungen zur Sprache vorhanden. Wenn Sie eine Suche bei XING starten, werden als Ergebnisse bevorzugt Mitglieder aus Ihrem Land und mit Ihrer Systemsprache aufgelistet.

Öffentliche Termine in anderen Sprachen werden automatisch ausgeblendet. Wenn Sie das in den Sprachoptionen ändern, werden zusätzlich Mitglieder aus anderen Ländern angezeigt. Außerdem können Sie an dieser Stelle die Anzeige von XING auf eine andere Sprache umstellen.

Privatsphäre: Profileinstellungen

Sie selbst entscheiden, wer Ihr Portfolio sehen darf, wenn Sie in Ihrem Profil eines eingerichtet haben. Und Sie legen fest, ob es beim Aufruf Ihres Profils als Erstes angezeigt werden soll. Das empfiehlt sich, da Sie mit den hier einsetzbaren Bildern eine größere Aufmerksamkeit erreichen können.

Sichtbarkeit der Kontaktliste

Es gibt Umstände, unter denen es sinnvoll sein kann, die Kontaktliste auszublenden. Gehören beispielsweise zu den Kontakten eines Dienstleistungsvermittlers Auftraggeber und Auftragnehmer, könnten diese sich gegenseitig finden und bräuchten möglicherweise die angebotene Dienstleistung gar nicht mehr. Im Sinne des Networkings ist es jedoch zu empfehlen, die Kontaktliste allen Mitgliedern zugänglich zu machen. Die gewählte Einstellung wirkt sich übrigens nur auf die Auflistung der Kontakte auf Ihrer Profilseite aus. In den Kontaktpfaden bleiben Ihre Kontakte weiterhin sichtbar.

Ob bestimmte Angaben in Ihrem Profil sichtbar sein sollen oder nicht, entscheiden Sie selbst. Besondere Bedeutung hat dabei der Bereich „Aktivitäten" in Ihrem Profil. Dort werden alle Aktivitäten angezeigt, die Ihren direkten Kontakten in „Neues aus meinem Netzwerk" mitgeteilt wurden. In der Grundeinstellung ist dieser Bereich für Ihre direkten Kontakte sichtbar. Bedenken Sie aber, dass bei jeder Aktivität die genaue Uhrzeit nebst Datum steht. Dies ist nicht in jedem Fall nützlich und kann für einen Angestellten sogar problematisch werden.

Überlegen Sie daher nicht nur, ob Sie diesen Bereich offenlegen, sondern auch, welche Informationen Sie automatisiert an Ihr Netzwerk bei XING verbreiten lassen. Weitere Details dazu finden Sie weiter unten.

Ferner können Sie die Anzeige Ihres Aktivitätsindex im Profil ein- oder ausschalten. Der hier angegebene Prozentwert errechnet sich aus Ihren verschiedenen Aktivitäten im XING-Netzwerk, beispielsweise spielt dabei eine Rolle, wie häufig Sie sich einloggen. Eingeschaltet ist der Index ein Gradmesser dafür, wie intensiv ein Mitglied XING nutzt. Zudem leistet er gute Hilfe, um abschätzen zu können, ob und wie schnell sich ein Mitglied voraussichtlich auf eine Anfrage melden wird und ob das Profil überhaupt noch aktuell ist.

Ihre Mitgliedschaft im XING-Netzwerk lässt sich nach außen hin komplett abschotten. In den meisten Fällen ist es jedoch eher positiv, wenn Sie zusätzlich über Suchmaschinen gefunden werden und auch Nicht-Mitglieder Ihr Profil sehen können. Falls Sie XING schon längere Zeit nutzen, ist es sehr wahrscheinlich, dass Ihr Profil bereits von verschiedenen Suchmaschinen erfasst ist, darauf hat XING keinen Einfluss. Diese Suchergebnisse werden nicht automatisch und sofort entfernt, wenn Sie den Haken bei „Mein Profil darf in Suchmaschinen auffindbar sein" entfernen. Probieren Sie es am besten einfach aus und geben Sie Ihren Vor- und Zunamen zwischen Anführungszeichen („Vorname Nachname") in eine Suchmaschine wie Google ein. (Ohne Anführungszeichen würden auch Seiten aufgelistet, in denen Ihr Vorname und Nachname unabhängig voneinander an ganz unterschiedlichen Stellen vorkommen.) Wenn Ihr Profil für Nicht-Mitglieder abrufbar ist, werden diesen Besuchern die Inhalte Ihres Profils ohne Kontaktdaten angezeigt.

Gut zu wissen

• •

SO PRÜFEN SIE IHR ÖFFENTLICHES PROFIL

Wenn Sie Ihr eigenes Profil aufrufen, erscheint oben in der Adresszeile des Browsers die dazugehörige Adresse (URL). Kopieren Sie diese in die Zwischenablage und loggen sich dann aus XING aus. Anschließend kopieren Sie die URL erneut in die Adresszeile des Browsers hinein, und schon sehen Sie das eigene Profil in der sogenannten öffentlichen Ansicht.

• •

Allgemeine Einstellungen

Erleichtern Sie Interessierten die Kontaktaufnahme und ermöglichen Sie es allen Mitgliedern, Ihnen Nachrichten zu schreiben. In der Kontaktdatenfreigabe für jedes einzelne Mitglied können Sie wiederum den Empfang von Nachrichten ausschließen. Dies kann sinnvoll sein, wenn Sie von einer bestimmten Person immer wieder kontaktiert werden, obwohl Sie keine weiteren Kontakte und Nachrichten wünschen. Das Mitglied bekommt dann folgende Meldung zu sehen, falls es eine Nachricht an Sie verschickt: „Das Senden einer Nachricht an diesen Nutzer ist nicht möglich, da der Nutzer den Kontakt über Nachrichten in seinen Einstellungen untersagt hat".

Der Gruppenmoderator legt fest, wer die Beiträge aus seiner Gruppe lesen darf. Gibt er „offen" an, so sind die Gruppenbeiträge nicht nur innerhalb von XING, sondern auch von Suchmaschinen lesbar. Ob dies für eine Gruppe gilt, können Sie jeweils auf der „Über-diese-Gruppe"-Seite herausfinden. Dort ist dann bei „Sichtbarkeit" „offen" angegeben.

Wollen Sie in einer solchen Gruppe Beiträge schreiben, ohne dass diese außerhalb von XING lesbar und vor allem von Suchmaschinen auffindbar sind, deaktivieren Sie die Option „Meine Beiträge in öffentlichen Gruppen können in Suchmaschinen gefunden werden". Am besten halten Sie sich aber an den etwas überspitzt formulierten Rat, nur Texte zu schreiben, die Sie genau so (und dauerhaft) auch auf eine riesengroße Plakatwand, die an der Hauptverkehrsstraße Ihres Wohnorts liegt, zu schreiben bereit wären. Eine geschlossene Gruppe kann nämlich theoretisch vom Moderator jederzeit geöffnet werden und damit wären Ihre Beiträge für alle lesbar. Und: Sofern Sie die in XING eingegebenen Statusmeldungen direkt per Facebook und Twitter verbreiten, sind die entsprechenden Freigaben hier sichtbar und können wieder deaktiviert werden.

Ihre Aktivitäten

Bestimmen Sie selbst, was Ihre direkten Kontakte über die Funktion „Neues aus meinem Netzwerk" über Sie erfahren sollen. Empfehlenswert sind hier auf jeden Fall neue Inhalte in den Bereichen „Berufserfahrung, ..." „Stammdaten, ...", „Neue Gruppenmitgliedschaften" und „Organisation und Teilnahme von Events". Damit halten Sie Ihr Netzwerk informiert und all Ihre Kontakte stets auf dem aktuellen Stand. Diese Benachrichtigung über Änderungen bei Ihren Profileinträgen können Sie nutzen, um Aufmerksamkeit auf sich zu ziehen. Wenn Sie jedoch zu häufig etwas ändern, bewirken Sie wahrscheinlich eher das Gegenteil. Das kann dazu führen, dass wirklich wichtige Dinge nicht mehr wahrgenommen werden.

Stellen Sie daher bei sehr intensiver Nutzung von XING besser die automatische Benachrichtigung Ihres Netzwerks ab und informieren Sie nach Bedarf per Statusmeldung auf der Startseite. Alternativ können Sie Ihre Aktivitätsmeldungen jederzeit in Ihrem Profil unter „Aktivitäten" einsehen und dort löschen. Das bringt aber nur etwas, wenn Sie das nicht erst nach Tagen machen, wenn die meisten Kontakte aus Ihrem Netzwerk die Meldung bereits gesehen haben, sondern sofort.

Lassen Sie sich von XING benachrichtigen

Der Reiter „Benachrichtigungen" hält eine Reihe von Optionen bereit, mit denen Sie auswählen können, wann und in welchem Format Sie von XING eine Benachrichtigung per E-Mail erhalten möchten. Wenn Sie XING nur unregelmäßig nutzen, sollten Sie sich unbedingt über eingegangene Nachrichten informieren lassen, damit Sie in einem angemessenen Zeitraum reagieren können. Als Premium-Mitglied können Sie zudem entscheiden, ob der Nachrichteninhalt in der Benachrichtigungs-E-Mail bereits enthalten sein soll.

E-Mail-Meldungen über Kommentare zu Ihren Aktivitäten oder wenn jemand etwas interessant findet, können Sie hier ebenfalls abschalten. Es empfiehlt sich jedoch, dies nur zu tun, wenn Sie XING regelmäßig aufrufen. Oft werden per Kommentar Rückfragen gestellt oder es kommen Diskussionen zustande. Das würden Sie ohne Hinweis nicht oder erst sehr spät mitbekommen. Und falls Sie Klicks auf „Interessant" zulassen, bemerken Sie, ob Ihre Meldung in Ihrem Netzwerk auf Interesse stößt.

Im Bereich der Benachrichtigungen von Gruppen sollten Sie auf jeden Fall die Moderator-Info aktiviert lassen. In Bezug auf „Neue Beiträge" testen Sie am besten, ob die Menge an E-Mails aus der Gruppe für Sie in Ordnung ist, und schalten gegebenenfalls die eine oder andere Gruppenbenachrichtigung aus.

Es lohnt sich auch, den wöchentlichen XING-Newsletter zu abonnieren. Dieser wird für jedes Mitglied individuell generiert. Neben Tipps und aktuellen Informationen finden Sie darin Ihre persönliche Statistik, anhand derer Sie zum Beispiel erkennen können, wie oft Ihr Profil aufgerufen wurde und ob sich Ihre verstärkten XING-Aktivitäten gelohnt haben. Nützlich ist auch die Liste mit den Geburtstagen der kommenden Woche, denn Sie können die damit zusammenhängenden Aktivitäten schon vorbereiten.

Abschließend bestimmen Sie, über welche Branchen-Neuigkeiten Sie regelmäßig informiert werden möchten. Diese Newsletter erscheinen mehrmals pro Woche (höchstens einmal am Tag) und halten Sie über wichtige Nachrichten in einer Branche auf dem Laufenden.

Interessante Mitglieder finden: gezielte Suche und Kontaktaufnahme

Da XING inzwischen viele Millionen Mitglieder hat, ist es unabdingbar, dass Sie gezielt vorgehen und mit den passenden Filtern arbeiten. Wenn Sie zum Beispiel jemanden mit einem gängigen Vor- und Zunamen suchen, ist es möglich, dass mehr als 300 Personen gefunden werden. Welche davon ist diejenige, um die es Ihnen geht? Glücklicherweise bietet XING viele verschiedene Suchwege und -optionen.

Die XING-Universalsuche

Rechts oben im XING-Menü finden Sie ein Eingabefeld für die Universalsuche. Mit ihr können Sie unmittelbar in allen Inhalten von XING recherchieren. Je nachdem, in welchem Menüpunkt Sie sich auf XING gerade befinden, öffnet sich beispielsweise im Gruppenbereich zunächst das Suchergebnis für die Gruppen. Sie können oberhalb der Ergebnisse dann auch andere Bereiche von XING auswählen, hier sehen Sie auch die Anzahl der jeweils gefundenen Suchtreffer.

Mitglieder finden

Wesentlich detaillierter arbeitet die erweiterte Suche. Dazu klicken Sie neben dem Eingabefeld für die Suche auf „Erweiterte Suche". Wählen Sie hier den Bereich „Mitglieder", öffnet sich ein Eingabeformular. Darüber können Sie Ihre Suche auf bestimmte Felder des Profils einschränken und so sehr viel genauere Treffer bekommen. Die erweiterte Suche steht nur Premium-Mitgliedern zur Verfügung.

Beispiele: Wie Sie bei Ihrer Suche vorgehen

Um Ihnen zu zeigen, wie Sie an verschiedene Anforderungen herangehen können, stellen wir unsere Suchtipps anhand von Beispielen dar. Optimieren Sie Ihre Suchstrategie bei XING entsprechend, um effektivere Ergebnisse zu erzielen.

Beispiel 1: Sie benötigen einen Kooperationspartner für Typo3

Sie sind Mitarbeiter einer Internetagentur in Frankfurt und haben von einem Kunden den Auftrag bekommen, eine Website mit dem Content-Management-System Typo3 zu erstellen. Da Sie in Ihrer Firma keinen Spezialisten dafür haben, suchen Sie auf XING nach einem passenden Partner.

Als Erstes geben Sie bei der erweiterten Suche den Begriff „Typo3" in das obere allgemeine Feld ein. Das System sucht nun in allen Profilfeldern nach dem Begriff und Ihnen wird die maximale Anzahl von Suchergebnissen angezeigt. Im XING-Netzwerk gibt es über 10.000 Mitglieder, die Typo3 irgendwo in ihrem Profil vermerkt haben. Dieses Vorgehen empfiehlt sich, um zu prüfen, ob ein bestimmter Begriff überhaupt verwendet wurde, beispielsweise wenn Sie nach einem relativ speziellen Thema suchen. Es kostet aber zu viel Zeit, mehrere hundert Profile zu prüfen und anzuschauen, das ist nicht effektiv. Also filtern Sie aus dieser sehr langen Trefferliste schrittweise konkretere Ergebnisse heraus. Übrigens: In der Liste wird auch angezeigt, in welchen Feldern der Begriff jeweils gefunden wurde. Diese Informationen helfen Ihnen unter Umständen bei der weiteren Suche.

Klicken Sie oben neben dem Button „Suchen" auf „Erweiterte Suche", um die Suchoptionen anzupassen. Wenn Sie einen Partner vor Ort suchen, könnte sich die Einschränkung auf die Region beziehen. Geben Sie beispielsweise bei Ort „Frankfurt" ein und klicken Sie dann erneut auf den Button „Suchen".

Noch immer ergeben sich mehrere 100 Treffer. Nutzen Sie nun zusätzlich das Feld „Status", wenn Sie beispielsweise einen selbstständigen Kooperationspartner finden oder direkt mit dem Chef einer Firma Kontakt aufnehmen möchten. Wählen Sie hier entsprechend „Unternehmer" oder „Freiberufler" aus. Wenn Sie so vorgehen, werden Sie in kurzer Zeit eine Liste vor sich sehen, bei der es sinnvoll ist, die Profile der gefundenen Mitglieder gezielt anzuschauen.

Um einen persönlich gut passenden Kontakt zu finden, können Sie am Schluss noch etwas in das Feld „Interessen" eintragen und so nach Mitgliedern suchen, die die gleichen Interessen haben wie Sie. Dann ergeben sich vielleicht nur noch zwei oder drei Treffer, dafür jedoch sind Mitglieder gelistet, mit denen Sie noch leichter ins Gespräch kommen.

Beispiel 2: Sie brauchen Kunden für Ihr Weiterbildungsangebot

Sie sind Anbieter von Weiterbildungsmaßnahmen und auf der Suche nach neuen Kunden. In diesem Fall starten Sie sinnvollerweise mit dem Begriff „Weiterbildung" im Feld „Person sucht". Sie erhalten die maximale Anzahl an Ergebnissen und schränken diese Treffer auch hier auf eine bestimmte Region ein. Geben Sie dazu die erste Ziffer des gewünschten Postleitzahlengebiets in das Feld „PLZ" mit einem * am Ende (9*) ein. Sie können die gewünschte Region stärker eingrenzen, indem Sie weitere Stellen der Postleitzahl eintragen, zum Beispiel „901". Geben Sie bei der Filterung mit Postleitzahlen immer zusätzlich das gewünschte Land an. Postleitzahlen mit 9 zum Beispiel gibt es nicht nur in Deutschland.

In der Ergebnisliste werden Sie gegebenenfalls einige Mitbewerber finden, die in das Feld „Ich suche" zum Beispiel Folgendes eingetragen haben: „Austausch zu Training und Weiterbildung" oder „Kunden, die an Weiterbildung interessiert sind". Diese Wettbewerber können Sie herausfiltern, indem Sie bei der erweiterten Suche in das Feld „Person bietet" ebenfalls das Wort „Weiterbildung" schreiben, jedoch ein Minuszeichen (-) davorsetzen. So werden sämtliche Profile aus der Liste ausgeschlossen, in deren „Ich-biete"-Feld das Wort „Weiterbildung" steht.

Zusätzlich können Sie das Feld „Branche" nutzen, um die Zielgruppe einzuschränken oder Wettbewerber auszuschließen. Geben Sie zum Beispiel „-Coaching" in das Feld „Branche" ein, tauchen in den Ergebnissen keine Profile mehr auf, in denen dieser Begriff bei Branche eingetragen ist.

Tipp

VERWENDEN SIE MEHRERE BEGRIFFE GLEICHZEITIG

Sie können mehrere Begriffe auf einmal in die genannten Felder eintragen und diese jeweils mit dem Befehl „OR" trennen. Geben Sie zum Beispiel bei „Person sucht" die Begriffe „Weiterbildung OR Seminare OR Fortbildung OR Ausbildung OR Training" ein, um Profile von Mitgliedern zu finden, die nur einen dieser Begriffe eingetragen haben. Die entsprechenden Wettbewerber, die selbst Weiterbildung anbieten, filtern Sie heraus, indem Sie die entsprechenden Einträge auch in das Feld „Person bietet" schreiben – allerdings mit einem Minuszeichen davor und durch Komma getrennt.

Beispiel 3: Sie möchten Mitglieder für eine Interessengruppe aktivieren

Sie wollen eine XING-Gruppe gründen und suchen Mitglieder, die sich mit Ihnen gemeinsam engagieren wollen. Suchen Sie zunächst mit der Stichwortsuche, ob einzelne Fachbegriffe aus Ihrem Themenbereich überhaupt verwendet werden. Wenn diese sehr häufig vorkommen, schränken Sie Ihre Suche entsprechend weiter ein. Sie können das Thema Ihrer neuen Gruppe auch einfach in das Feld „Interessen" eingeben und dadurch Mitglieder finden, die generell ihr Interesse bekundet haben. Das macht es auch leichter, eine Nachricht für die gefundenen Mitglieder zu formulieren, denn Sie können sich auf genau diesen Eintrag beziehen.

Beispiel 4: Sie brauchen einen neuen Steuerberater

Sie wohnen in München und suchen einen guten Steuerberater für Ihr Unternehmen. Aber wie können Sie herausfinden, wer gut ist? Und zwar bevor Sie jemanden mit Ihrer Steuererklärung beauftragen? Wenn Sie nach „Steuerberater" und „München" suchen, erhalten Sie die maximale Anzahl von Treffern. Es gibt hunderte Steuerberater in München, die im XING-Netzwerk registriert sind. Sie müssen also Ihre Suche zusätzlich einschränken.

Nutzen Sie in diesem Fall die Auswahl „Kontakte meiner Kontakte" unterhalb des Formulars der erweiterten Suche. Daraufhin werden nur diejenigen Steuerberater aufgelistet, die mit jemandem auf XING verbunden sind, der auch zu Ihren Kontakten zählt. Zwischen Ihnen und den nun angezeigten Steuerberatern steht also immer ein direkter Kontakt von Ihnen, den Sie gegebenenfalls nach seinen Erfahrungen mit dem betreffenden Steuerberater fragen können. Der gemeinsame Kontakt erscheint im Kontaktpfad, der oberhalb vom Profil zu sehen ist, wenn Sie ein Suchergebnis aus der Liste anklicken.

Kontaktieren Sie nun Ihren gemeinsamen Bekannten. Fragen Sie nach seinen Erfahrungen und bitten Sie ihn, dass er die Funktion „Empfehlen" einsetzt, um Sie und den Steuerberater in Verbindung zu bringen. Das spricht dafür, dass Ihr Kontakt den Steuerberater empfehlen kann, Ihnen ermöglicht dies einen guten Einstieg ins erste Gespräch. Das funktioniert natürlich nur, wenn Ihr Kontakt das ausgewählte Mitglied tatsächlich kennt und eine entsprechende Empfehlung aussprechen möchte.

Tipp

SUCHEN SIE NACH WORTANFÄNGEN

In allen Profilfeldern kann es unterschiedliche Einträge geben. Deshalb ist es mitunter sinnvoll, nach Wortanfängen zu suchen. Geben Sie hierfür die ersten Buchstaben des gesuchten Wortes ein und setzen Sie ein Sternchen (*) dahinter. Für unser Beispiel gilt: Mit der Eingabe „Steuerberat*" finden Sie alle Profile, die „Steuerberatung" oder „Steuerberater" im Feld „Branche" stehen haben.

Endlich Schluss mit reiner Kaltakquise

Von „Kaltakquise" wird dann gesprochen, wenn Kontakt zu einer Person oder Firma hergestellt werden soll, zu der keinerlei Bezug besteht. Mit Akquise ist nicht nur die Aktivität zum Verkauf von Waren oder Dienstleistungen gemeint. Auch Kooperationspartner, Mitarbeiter, Mitglieder für eine Interessengemeinschaft, ein neuer Auftrag- beziehungsweise Arbeitgeber oder Netzwerkpartner müssen irgendwann einmal angesprochen und „akquiriert" werden. Was in vielen Fällen für einen „warmen" Gesprächseinstieg fehlt, ist ein Anknüpfungspunkt zwischen Ihnen und einem potenziellen Ansprechpartner. Hier hilft XING, denn im Netzwerk lassen sich Gemeinsamkeiten schnell finden, und zwar auf vielerlei Wegen.

Bezugspunkt gemeinsame Kontakte

Am besten ist es natürlich, wenn sich viele Personen aus Ihrer Zielgruppe unter den Kontakten Ihrer Kontakte finden lassen. Denn damit steht immer ein direkter eigener Kontakt zwischen Ihnen und der Zielperson. Über diesen gemeinsamen Kontakt, der im Kontaktpfad in Ihrem Profil angezeigt wird, können Sie eine Verbindung herstellen und auf jeden Fall lässt sich leichter ein Gesprächseinstieg finden.

Wenn Sie zum Beispiel nach einem Dienstleister oder einem neuen Mitarbeiter suchen, können Sie den gemeinsamen Kontakt als Informationsquelle nutzen und ihn in Hinblick auf die Qualität der Leistung sowie die Zuverlässigkeit des potenziellen neuen Kontakts befragen. Schreiben Sie Ihrem direkten Kontakt einfach eine kurze Nachricht oder rufen Sie ihn an und fragen Sie, wie gut er den möglichen Dienstleister oder neuen Mitarbeiter kennt und ob er Ihnen ein paar Hinweise und weitere Informationen zu der Person geben kann.

Geht es Ihnen hingegen darum, Kunden oder Kooperationspartner zu akquirieren, lassen Sie sich direkt weiterempfehlen. In diesem Fall können Sie die zwischen Ihnen und der Zielperson stehende Person als Referenz einsetzen. Diese Person könnte eine kurze Nachricht schreiben, zum Beispiel mit folgendem Wortlaut:

● ●

Guten Tag Herr ‹Name›,

gern stelle ich Ihnen hiermit meinen Kontakt Frau ‹Name› vor. Ich kann mir gut vorstellen, dass ihre Dienstleistung für Sie von Interesse ist, und freue mich, wenn ich Ihnen damit einen guten Hinweis geben konnte.

Viele Grüße

‹Name›

● ●

Bezugspunkt gemeinsame Gruppe

Gerade wenn Sie erst kurze Zeit Mitglied bei XING sind, haben Sie wahrscheinlich noch nicht so viele direkte Kontakte und dementsprechend relativ wenige Kontakte zweiten Grades. In diesem Fall können Sie zum Beispiel bei der Zugehörigkeit zu einer XING-Gruppe als Gemeinsamkeit ansetzen. Öffnen Sie dazu eine der Gruppen, in denen Sie Mitglied sind, und nutzen Sie dort die Funktion „Mitgliedersuche". Optimal ist es natürlich, wenn Sie sich schon mehrfach an Diskussionen beteiligt haben. Dann sind Sie dem neuen Kontakt vielleicht bereits bekannt, weil er den einen oder anderen Beitrag von Ihnen gelesen hat. Ihr Anschreiben an einen solchen Kontakt könnte wie folgt beginnen:

•••

Guten Tag Herr <Name>,

ich habe festgestellt, dass wir beide in der Gruppe Film- & Fernsehproduktion sind, und in Ihrem Profil gesehen, dass Sie im Bereich XYZ nach weiteren Kooperationspartnern suchen. Ich würde mich freuen, wenn wir in den nächsten Tagen einmal telefonieren und uns gegebenenfalls zu einem Gespräch verabreden.

Viele Grüße

<Name>

•••

Bezugspunkt Organisationen

Die Mitgliedschaft in der gleichen Organisation kann ebenfalls ein guter gemeinsamer Nenner sein, um Kontakt aufzunehmen. Geben Sie im Suchfeld „Organisationen" einen Verein oder Verband ein, in dem Sie ebenfalls Mitglied sind – schon haben Sie den gewünschten Bezugspunkt. Gerade wenn Sie in einer Organisation sind, deren Zweck unter anderem die Auftragsvergabe und die Weiterempfehlung untereinander ist, kann es besonders sinnvoll sein, nach anderen Mitgliedern zu suchen.

Bezugspunkt Interessen

Sie haben eine Suche durchgeführt, die eine Liste mit mehreren dutzend oder sogar hunderten von gefundenen Mitgliedern ergeben hat? Dann grenzen Sie die Suche weiter ein, indem Sie eines Ihrer Hobbys in das Feld „Interessen" eintragen. Angenommen, Sie beschäftigen sich in Ihrer Freizeit mit Schellackplatten. Wie einfach wird die Kontaktaufnahme für Sie, wenn Sie wissen, dass sich Ihr Ansprechpartner ebenfalls dafür interessiert?

Das Thema für den Gesprächseinstieg ist damit gefunden.

Mehrere Gemeinsamkeiten

Ergibt Ihre Suche zu viele Treffer, dann fahnden Sie immer nach weiteren Gemeinsamkeiten. Achten Sie dabei darauf, dass die Übereinstimmung zwischen Ihnen und einem möglichen neuen Kontakt so stark wie möglich wird. Stellen Sie sich vor, es bleiben am Ende einer Suche fünf Mitglieder in der Ergebnisliste übrig. Sie alle sind in der gleichen Organisation, teilen die gleichen Interessen und haben an der gleichen Universität studiert. Unter diesen Umständen ist es sehr wahrscheinlich, dass Sie sogar gemeinsame Kontakte haben, die dem System zum Zeitpunkt Ihrer Recherche nur noch nicht bekannt sind, weil noch nicht alle tatsächlich vorhandenen Kontakte von Ihnen oder den gefundenen Mitgliedern im XING-Netzwerk bestätigt wurden.

So nehmen Sie Kontakt auf

Ob Sie bei den gefundenen Mitgliedern direkt anrufen, eine Nachricht schreiben oder sich lieber von einem unmittelbaren Kontakt vorstellen lassen, hängt zum einen von Ihrer Persönlichkeit und Ihrer Grundeinstellung ab, zum anderen von den zur Verfügung stehenden Kontaktdaten und Kontaktmöglichkeiten. Auf jeden Fall sollten Sie sich immer am Profil des anderen Mitglieds orientieren, wenn Sie Kontakt suchen, und deutlich formulieren, woran Sie interessiert sind. Schreiben Sie, was Sie dazu bewogen hat, Kontakt aufzunehmen, und welche Erwartungen Sie haben. Gehen Sie auf die Einträge in den Feldern „Ich biete" oder „Ich suche" im Profil des anderen ein und schreiben Sie nur Mitglieder an, mit denen es offensichtlich Anknüpfungspunkte gibt.

Schreiben Sie nicht, dass Sie einen Austausch wünschen, sondern werden Sie gleich konkret. Erläutern Sie zum Beispiel, wie Sie den anderen gefunden haben, nach welchen Gemeinsamkeiten Sie gesucht haben und welchen Bezug Sie dazu haben. Je freundlicher und persönlicher Sie in die Kommunikation einsteigen, desto größer ist die Wahrscheinlichkeit, dass Sie eine Antwort bekommen.

Haben Sie viele Übereinstimmungen zwischen sich und einem anderen Mitglied gefunden und können Sie den Bedarf des anderen abdecken, trauen Sie sich auch ruhig, ihn oder sie direkt anzurufen.

Einen optimalen Einstieg finden Sie, indem Sie dem anderen direkt einen hohen Nutzwert bieten, ohne auf Ihr eigenes Angebot einzugehen. Überlegen Sie sich für die erste Kontaktaufnahme stets, was Sie für den anderen tun können. Verzichten Sie dabei komplett auf Informationen zum eigenen Produkt oder zur eigenen Dienstleistung. Der angeschriebene Kontakt wird mit hoher Wahrscheinlichkeit Ihr Profil aufrufen, darin die Angaben finden und dann selbst einen Impuls finden, warum er Sie kontaktiert oder eventuell selbst eine Weiterempfehlung ausspricht.starten Sie neue Kontakte stets mit bedingungslosem Geben. Dann haben Sie eine sehr hohe Chance, ein Feedback zu bekommen. Auch jemand, der genau das sucht, was Sie anbieten, ist selten daran interessiert, es „verkauft" zu bekommen.

Wenn keiner sucht, was Sie bieten

Definieren Sie Ihren persönlichen Zielkunden und geben Sie die gewünschten Filter in die erweiterte Suche ein. In welcher Branche bewegt sich Ihr Zielkunde? Wo hat er studiert? Welche Interessen hat er und welche Position im Unternehmen ist bei ihm eingetragen?

Nutzen Sie zusätzlich die Energie der Kontakte zweiten Grades und geben Sie einen Nutzwert, wie oben beschrieben. Überlegen Sie stets, was Sie dem anderen auf Basis seines Profils geben können. So sprechen Sie mögliche Interessenten nachhaltig an und verstoßen weder gegen die XING-Regel, sich am Profil der Angeschriebenen zu orientieren, noch gegen das Europäische Wettbewerbsgesetz. Denn Sie akquirieren nicht, sondern geben im Sinne des Networkings.

Wie Sie die „Gatekeeper" umgehen

Wenn Sie jemanden in einer großen Firma kontaktieren wollen, stehen Sie häufig vor einem Problem. Oftmals lassen sich weder Durchwahlnummern noch die direkten Ansprechpartner für bestimmte Bereiche herausfinden, sondern es gibt nur eine Hauptrufnummer, die Sie anrufen können. An den Telefonen sitzen dann geschulte Mitarbeiter, die den Auftrag haben, unbekannte Anrufer abzuwimmeln. Solche Gatekeeper werden unter anderem eingesetzt, um Headhuntern das Leben schwerer zu machen und Verkäufern die Akquise zu erschweren. Selbst Bewerber, die Presse und mögliche Kooperationspartner kommen an diesen Gatekeepern oftmals nicht vorbei. Bei manchen Unternehmen finden es sogar Kunden schwierig, einen kundigen Ansprechpartner zu erreichen.

In sehr vielen Fällen bekommen Sie nur eine E-Mail-Adresse genannt, wenn Sie nachfragen. Über diese können Sie der zuständigen Abteilung dann Ihre Unterlagen oder eine Offerte senden. Mit XING bieten sich jedoch sehr gute Möglichkeiten, die Gatekeeper zu umgehen.

Stellen Sie sich vor, Sie wollen einer großen Firma ein Produkt anbieten und bekommen nur die E-Mail-Adresse einkauf@grosse-firma.de genannt. Natürlich können Sie eine Nachricht an diese Adresse schicken, doch die Chance, Ihr Produkt vorzustellen und die entsprechenden Fachabteilungen davon zu überzeugen, bekommen Sie so in der Regel nicht. Finden Sie aber im XING-Netzwerk einen Ansprechpartner aus dieser Firma und können mit ihm Kontakt über gemeinsame Bekannte oder andere Gemeinsamkeiten herstellen, ist die Wahrscheinlichkeit hoch, dass Sie an den für die Produktvorstellung zuständigen Mitarbeiter weitergeleitet werden. Und schon sind Sie am Ziel. Natürlich geht das nicht immer reibungslos, manchmal sind auch mehrere Anläufe notwendig. Doch oft führt dieser Weg in kurzer Zeit zum gewünschten Ziel.

Schritt 1: Firma suchen

Finden Sie zunächst über die Mitgliedersuche heraus, ob sich Mitarbeiter der betreffenden Firma im XING-Netzwerk bereits registriert haben. Bei mittlerweile fast zehn Millionen deutschsprachigen Mitgliedern ist die Wahrscheinlichkeit, dass dies der Fall ist, sehr hoch. Rufen Sie dazu die Mitgliedersuche auf und geben Sie den Firmennamen in das Feld „Firma (jetzt)" ein. Sollte sich kein Treffer ergeben, können Sie zusätzlich eine Suche mit dem Feld „Firma (zuvor)" durchführen. Wer in der Vergangenheit in der betreffenden Firma gearbeitet hat, verfügt ja vielleicht noch über entsprechende Kontakte und kann Ihnen möglicherweise bei Ihrem Vorhaben weiterhelfen.

Schritt 2: Gemeinsamkeiten finden

Im nächsten Schritt geht es darum, Gemeinsamkeiten zu finden. Wie das geht, wissen Sie ja schon. Dabei nutzen Sie als Erstes den Filter „Kontakte meiner Kontakte", um zu prüfen, ob es Mitarbeiter in der Zielfirma gibt, die einen direkten Kontakt von Ihnen kennen.

| Sie selbst | Ihr direkter Kontakt | Kontakt im 2ten Grad |

Über einen Kontaktpfad ist es in der Regel leicht, Verbindung aufzunehmen. Voraussetzung dafür ist allerdings, dass Sie den betreffenden gemeinsamen Kontakt gut kennen. Natürlich wissen Sie nicht, wie gut sich der Mitarbeiter der Firma und Ihr direkter Kontakt kennen, das können Sie aber schnell durch eine Nachfrage bei der betreffenden Person herausfinden.

Finden sich keine (ehemaligen) Mitarbeiter Ihrer Zielfirma als Kontakte zweiten Grades, nutzen Sie andere Suchkriterien, um Gemeinsamkeiten zu finden. Gehen Sie dabei so vor, wie zuvor beschrieben. Führt keine Ihrer Suchen zum Erfolg, richten Sie mit den geprüften Kriterien einen Suchauftrag ein. Dazu klicken Sie einfach auf den entsprechenden Button auf der Ergebnisseite. Sobald sich ein Mitglied angemeldet hat, das Ihren Suchkriterien entspricht, werden Sie per E-Mail benachrichtigt. Mehr über den Einsatz von Suchaufträgen erfahren Sie im nächsten Unterkapitel.

Schritt 3: Erstkontakt

Um Kontakt mit einem anderen XING-Mitglied aufzunehmen, gibt es verschiedene Wege. Wie Sie am besten vorgehen, hängt maßgeblich von Ihnen und der gefundenen Gemeinsamkeit ab. Auf jeden Fall sollten Sie sich gut über die Person informieren, ihr Profil studieren und eventuell weitere Informationen im Internet suchen. Natürlich kann es passieren, dass Sie auf Ihre Nachricht keine Antwort bekommen. Vielleicht hat das Mitglied sogar das Empfangen von Nachrichten in seinen Einstellungen unterbunden. Wählen Sie dann einen anderen Weg.

Falls ein Kontaktpfad zu dem betreffenden Mitglied besteht, können Sie zuerst Ihren direkten Kontakt ansprechen und ihn bitten, Sie einander vorzustellen. Vielleicht Ist Ihre Zielperson auch in einer der offiziellen XING-

Eventgruppen Mitglied. Dann besteht die Chance, dass Sie sie bei einem offiziellen XING-Event in Ihrer Stadt treffen. Die schnellste Lösung ist jedoch ein direkter Anruf. Da Sie aus dem XING-Profil den vollen Namen und die Abteilung beziehungsweise die Tätigkeit der Person ersehen können, kommen Sie mit ein wenig Geschick gut am Gatekeeper im Unternehmen vorbei. Auf die Frage nach dem Grund des Anrufs antworten Sie beispielsweise: „Wir haben einen gemeinsamen Kontakt bei XING" oder „Wir sind in der gleichen Organisation". Vielleicht kommen Sie so nicht immer ans Ziel, Sie können es aber zumindest probieren.

Tipp

WENDEN SIE SICH BEVORZUGT AN VERTRIEBSMITARBEITER

Versuchen Sie, mit Mitarbeitern aus dem Vertrieb der Firma in Kontakt zu treten, auch wenn sie nicht direkt zu Ihrer Zielgruppe gehören. In diese Abteilung werden Sie in der Regel ohne weitere Rückfragen vom Gatekeeper durchgestellt. Und meist sind dann kommunikative Menschen am anderen Ende der Leitung. Falls Sie ebenfalls im Vertrieb arbeiten, haben Sie schon die erste Gemeinsamkeit, über die Sie sprechen können.

Schritt 4: sich weiterempfehlen lassen

Sie haben mit Ihrem Telefonat die Zielperson oder die Abteilung, die Sie in der Firma kontaktieren wollten, schon erreicht? Dann können Sie sich den folgenden Schritt sparen. Ansonsten gehen Sie so vor: Haben Sie die gewünschte Person im XING-Netzwerk nicht entdeckt, dann nutzen Sie einen anderen Mitarbeiter des Unternehmens als „Sprungbrett" zu Ihrem Zielkontakt. Beachten Sie dabei aber, dass es durchaus plump wirken kann, wenn Sie direkt im zweiten Satz nach dem gewünschten Ansprechpartner fragen. Gehen Sie zunächst besser auf die Gemeinsamkeiten ein und bauen Sie den Kontakt auf. Fragen Sie erst in einer entspannten Gesprächsatmosphäre nach Informationen zu Ihrer Zielabteilung oder -person. Diese Vorgehensweise empfiehlt sich sowohl für den schriftlichen als auch für den telefonischen oder persönlichen Kontakt.

Kapitel 4: Interessante Mitglieder finden

Auch wenn dieser Weg einmal nicht zum Erfolg führt, verfolgen Sie Ihr Ziel dennoch weiter. Oft erscheinen auf der Trefferliste noch andere Mitarbeiter einer Firma, bei denen Sie Ihr Glück versuchen können. Bleiben Sie am Ball, früher oder später wird sich eine Tür für Sie öffnen.

Schritt 5: Zielperson kontaktieren

Ob Sie Ihre Zielperson über eine Empfehlung, nach längerer Suche oder durch ein Telefonat gefunden haben, der letzte Schritt ist dank der guten Vorarbeit immer der leichteste. Sie verfügen über Informationen zu dieser Person, im Idealfall sogar über eine Durchwahlnummer. Rufen Sie jetzt Ihren Zielkontakt an, denn aufgrund der Empfehlung eines anderen oder der Gemeinsamkeiten, die Sie bei Ihrer Recherche herausgefunden haben, fällt Ihnen der Einstieg in das Gespräch sicher leicht.

So funktioniert die automatische Suche mit Suchaufträgen

Nutzen Sie XING regelmäßig, um neue Kunden oder Dienstleister zu finden? Ist es Ihnen dabei schon passiert, dass Sie die gleichen Suchergebnisse mehrmals erhalten haben und die neuen erst einmal mühsam heraussuchen mussten? Das können Sie in Zukunft von einem automatischen Suchauftrag erledigen lassen, Sie müssen ihn nur einrichten.

Suche ausführen

Zunächst variieren Sie Ihre Eingaben bei der erweiterten Suche, bis Ihre Ergebnisliste weniger als 100 Mitglieder umfasst. Fügen Sie also ausreichend viele Kriterien hinzu, wenn Sie zu viele Treffer haben. Sobald eine sinnvolle Trefferzahl erreicht ist, erstellen Sie einen Suchauftrag, indem Sie auf den Button „Suchauftrag anlegen" klicken, den Sie oberhalb der Ergebnisliste finden.

Suchaufträge anlegen

Geben Sie anschließend einen Namen für Ihren Suchauftrag ein und entscheiden Sie, ob er täglich oder wöchentlich für Sie aktiv werden soll. Von nun an wird Ihr Auftrag die Suche im gewählten Intervall ausführen. In entsprechenden Abständen erhalten Sie eine E-Mail, die Sie informiert, dass es neue Mitglieder gibt, auf die Ihre ausgewählten Suchkriterien passen. Wenn ein Mitglied sein bereits länger bestehendes Profil so abändert, dass es auf Ihre Kriterien passt, kann der Suchauftrag das leider nicht erkennen, es werden ausschließlich neue Mitglieder berücksichtigt.

Was bedeutet das? Sehen wir uns hierzu ein Beispiel an: Sie richten einen Suchauftrag mit folgenden Kriterien ein: „Führungskraft aus Hamburg sucht Weiterbildung oder Seminare und bietet selbst keine Weiterbildung an". Fortan werden Ihnen immer dann neue Ergebnisse angezeigt, wenn sich ein Mitglied bei XING registriert, das vom Start weg genau diese Kriterien erfüllt.

DIE TREFFER WERDEN NUR EINMAL AUFGE-FÜHRT

Sinnvollerweise werden die Mitglieder, die Sie bereits vor dem Einrichten des Auftrags mit Ihrer Suche gefunden haben, nicht wieder angezeigt. Daher sollten Sie diese Ergebnisliste auf mögliche interessante Kontakte oder Neukunden hin überprüfen.

Neue Treffer per E-Mail

Neue Mitglieder tauchen in den Ergebnislisten des Suchauftrags jeweils nur einmal auf, sie werden demnach später nicht wieder aufgeführt. Die Listen, die über den Link in den Benachrichtigungs-E-Mails aufrufbar sind, bleiben allerdings dauerhaft gespeichert. Sie können sie auch später noch in aller Ruhe durchsehen.

Beachten Sie aber, dass sich die Reihenfolge der Treffer in den Listen ändern kann. Mitglieder, die zunächst auf der ersten Seite standen, können beim nächsten Aufruf der gleichen Liste auf der zweiten oder dritten Seite erscheinen. Fügen Sie daher bei Mitgliedern, denen Sie geschrieben haben, einen entsprechenden Eintrag in das Notizfeld im jeweiligen Profil ein. So verhindern Sie, dass Sie Mitglieder mehrfach anschreiben und eventuell dadurch verärgern.

Mitglieder, die Sie kennen könnten

Im Menü „Startseite" wird über „Mitglieder finden" eine sehr interessante Liste sichtbar, mit der Sie Ihr eigenes Netzwerk weiter auf- und ausbauen können. Sobald Sie Ihr Profil angelegt haben, präsentiert Ihnen XING anhand der darin befindlichen Informationen Mitglieder, die Ihnen bekannt sein könnten. Diese Liste umfasst Personen, die in der gleichen Firma wie Sie arbeiten oder schon einmal gearbeitet haben, in gleichen Gruppen oder Organisationen sind oder ähnliche Interessen wie Sie haben. Je mehr Übereinstimmungen zwischen Ihnen und einem anderen Mitglied vorhanden sind, desto höher in der Liste steht es.

Sobald Sie die ersten Verbindungen über XING hergestellt haben, kommt ein weiterer Faktor hinzu, nämlich Ihre bestätigten Kontakte. Haben Sie beispielsweise mit einem Mitglied mehrere gemeinsame Kontakte, ist es sehr wahrscheinlich, dass Sie die betreffende Person bereits kennen. Nutzen Sie das Potenzial dieser Suche vor allem dann regelmäßig, wenn Sie anfangen, bei XING aktiv zu werden.

Achten Sie darauf, dass die Funktion für das Hinzufügen neuer Kontakte sowohl Kontaktanfragen ohne als auch mit Text zulässt. Nehmen Sie sich beim Knüpfen neuer Kontakte stets Zeit und schauen Sie sich erst das Profil an. Überlegen Sie, was Sie dem anderen schon bei der ersten Kontaktanfrage geben können. So wecken Sie beim anderen die Motivation, sich auch mit Ihrem Profil zu beschäftigen. Nur so kann ein funktionierendes Netzwerk entstehen. Wenn beide lediglich auf den Knopf „Hinzufügen" klicken und sich nicht weiter mit dem anderen befassen, passiert – nichts!

Spezielle Suchlisten für Premium-Mitglieder

Im Premium-Bereich (oben links unterhalb Ihres Bildes) sind einige interessante Suchlisten aufrufbar. Diese sind von XING fest vorgegeben und können nicht angepasst werden.

„Mitglieder, die mein Profil kürzlich aufgerufen haben"

Wie viele und welche Besucher sehen sich Ihr Profil an? Sprechen Sie sie an oder lassen Sie sich die damit verbundenen Chancen entgehen? Wenn Sie Ihr Profil wieder als Ihr Ladengeschäft betrachten, sind die Besucher Kunden, die nicht nur vorbeilaufen, sondern stehen bleiben und in Ihr Schaufenster schauen. Haben Sie schon erlebt, dass ein Ladenbesitzer auf Sie aufmerksam wird, Sie freundlich anspricht und fragt, ob er etwas für Sie tun kann? Was hindert Sie daran, das auch für Ihre Profilbesucher zu tun? Stellen Sie über die Ergebnisliste fest, über welchen Weg ein Besucher auf Ihr Profil aufmerksam geworden ist, und schauen Sie sich dessen Profil an. Die Informationen, die Sie dort finden, geben Ihnen nützliche Anknüpfungspunkte, um eine Nachricht an ihn zu formulieren oder ihn direkt anzurufen.

Schreiben Sie aber nicht grundsätzlich jeden Besucher Ihres Profils an. Überlegen Sie vielmehr im Sinne des Networkings auch hier, ob Sie etwas für den anderen tun können. Orientieren Sie sich dabei an den Einträgen in den Feldern „Ich suche" und „Ich biete" sowie an den Interessen des jeweiligen Profilbesuchers.

Neben der Liste finden Sie ausführliche Statistiken, wie viele Ihrer Besucher erstmals auf Ihrem Profil waren, welcher Anteil davon aus dem Personalbereich kam und mit welchen Begriffen man nach Ihnen gesucht hat. Ferner wird angegeben, welche Branchen am häufigsten vertreten waren. Falls sich mehrere Besucher aus einem bestimmten Unternehmen Ihr Profil angeschaut haben, wird dies ebenfalls angezeigt.

Die Statistiken beziehen sich jeweils auf die vergangenen 90 Tage, sie werden einmal täglich aktualisiert. Es kann daher vorkommen, dass Sie links im Hauptbereich neue Profilbesucher sehen, die noch nicht in den Statistiken berücksichtigt wurden.

Die Prozentangaben bei Unternehmen und Branchen beziehen sich auf die Anzahl der Profilbesucher. Mehrfache Besuche von ein und derselben Person werden nur einmal gezählt.

Zu sehen sind immer die fünf größten Branchen und Unternehmen. Wenn es mehr als fünf Branchen beziehungsweise Unternehmen mit gleicher Besucheranzahl gibt, zum Beispiel jeweils einen Besucher, wird eine Auswahl getroffen.

Besucher anderer Bereiche

Oberhalb der Liste Ihrer Profilbesucher können Sie nach Aktivität und Kontaktgrad filtern. Beispielsweise können Sie feststellen, wer das Portfolio in Ihrem Profil oder die im Bereich der Berufserfahrung hinterlegten Internetseiten angeklickt hat. Beim Portfolio werden nur Klicks auf den Menüpunkt in Ihrem Profil gewertet. Lassen Sie Ihr Portfolio als Erstes anzeigen, hat es ja jeder Besucher dadurch automatisch geöffnet vor sich.

Diese Informationen sind besonders wertvoll, denn die aufgeführten Besucher waren offensichtlich an den Einträgen in Ihrem Profil sehr interessiert. Es handelt sich also um Mitglieder, die sich bereits mit Ihrem Angebot auseinandergesetzt und nicht nach einem kurzen Besuch Ihr Profil wieder verlassen haben. Ziehen wir wieder das Bild mit dem Ladengeschäft heran, gehören diese Besucher zu der Gruppe von Personen, die Ihr Schaufenster so interessant fanden, dass sie gleich den Laden betreten und sich intensiver umgeschaut haben.

Nutzen Sie also regelmäßig das Potenzial dieser Listen, denn bei den genannten Besuchern können Sie in der Regel echtes Interesse voraussetzen. Die Zeit dafür, aus Ihrem Profil heraus auf weitere Informationen zu klicken, nimmt sich nur jemand, der mehr über Sie oder Ihr Angebot und Ihre Leistungen wissen möchte. Während es sich empfiehlt, die „Besucher Ihres Profils" genauer anzuschauen und gegebenenfalls anzuschreiben, ist dies bei denjenigen, die Ihre Homepage oder Ihr Portfolio besucht haben, fast schon Pflicht.

Bieten Sie Ihre Hilfe an und rufen Sie sich dem Empfänger damit in Erinnerung. So eröffnen Sie ihm die Möglichkeit für eine Kontaktaufnahme seinerseits. Vielleicht ist der Besucher beim Anschauen Ihrer Seite auch unterbrochen worden und freut sich, durch Ihre Nachricht einen neuen Anstoß zu bekommen, noch einmal dorthin zurückzukehren. Vielleicht reagiert er, indem er sich erneut und ganz in Ruhe mit Ihrer Seite und Ihrem Angebot beschäftigt.

Achten Sie jedoch darauf, dass Sie niemanden öfter als einmal anschreiben, wenn derjenige sich auf Ihre Nachricht hin gar nicht bei Ihnen meldet. Ein erneutes Nachfassen kann unter solchen Umständen eher anbiedernd oder aufdringlich wirken. Oder möchten Sie in einem Ladengeschäft immer wieder vom gleichen Verkäufer angesprochen werden, wenn Sie sich offensichtlich nur umschauen und ihm dies bereits zu verstehen gegeben haben? Um eine solche Doppelung zu vermeiden, nutzen Sie das Notizfeld im Profil des Adressaten und schreiben Sie einen Hinweis dort hinein, wenn Sie eine Nachricht senden. Sobald Sie das Profil erneut aufrufen, sehen Sie, dass Sie diesen Kontakt in der Vergangenheit bereits angeschrieben haben.

Mitglieder mit Gemeinsamkeiten

In den Listen unter „Mitglieder entdecken" finden Sie im Premium-Bereich Mitglieder, mit denen Sie möglicherweise Gemeinsamkeiten haben. Damit wissen Sie, was Sie bei der Kontaktaufnahme als Anknüpfungspunkte nutzen können. Sobald Sie mit dem Mauszeiger auf ein Bild in diesem Bereich zeigen, bekommen Sie diverse Aktionsmöglichkeiten angeboten.

„Ähnliche Profile"

XING vergleicht Ihr Profil mit denen anderer Mitglieder. Dadurch ist die Wahrscheinlichkeit hoch, dass Sie in diesen Listen Menschen finden, die sehr gut zu Ihnen passen und beispielsweise als Kooperationspartner infrage kommen.

„Gemeinsame Kontakte"

In dieser Liste werden alle XING-Mitglieder aufgeführt, mit denen Sie gemeinsame Kontakte haben. Dabei handelt es sich sehr wahrscheinlich um Personen, die sich in den gleichen Netzwerken aufhalten oder mit den gleichen Zielgruppen arbeiten. Oft kommt es vor, dass man Personen aus diesen Listen bereits kennt, aber noch nicht als Kontakt hinzugefügt hat. Dies können Sie jederzeit nachholen und damit Ihr Netzwerk um wertvolle Kontakte erweitern.

„Derzeitige und ehemalige Kollegen"

Prüfen Sie hier gelegentlich, ob sich derzeitige oder ehemalige Kollegen im XING-Netzwerk neu registriert haben. Sicher freuen sich diejenigen, wenn auch Sie sie persönlich willkommen heißen und den alten Kontakt auf diese Weise wieder auffrischen.

„Mitglieder, die suchen, was ich biete" und „Mitglieder, die bieten, was ich suche"

Mit diesen beiden Suchoptionen werden die Stichwörter aus den Feldern „Ich suche" und „Ich biete" mit den Einträgen in anderen Profilen abgeglichen. Sie erhalten so Listen mit Mitgliedern, die entweder das suchen, was Sie bieten, oder die bieten, was Sie suchen. Damit Sie wissen, welche Begriffe zu einem Treffer geführt haben, werden alle Übereinstimmungen einzeln aufgeführt. Je nach Branche und Ausführlichkeit der Einträge in Ihrem Profil können sich mit dieser Funktion sehr interessante und wertvolle Trefferlisten ergeben.

Tipp

● ●

NUTZEN SIE IHR KONTAKTPOTENZIAL

Denken Sie stets daran, dass effektives Networking nur mit einem hochwertigen und großen Netzwerk funktioniert. Je mehr gute direkte Kontakte Sie haben, desto größer ist auch die Zahl Ihrer Kontakte zweiten Grades. Ein guter Kontakt ist ein Mitglied, über das Sie selbst mehr sagen können, als in seinem Profil zu lesen ist. Umgekehrt sollten Ihre Kontakte Sie ebenfalls gut kennen. Informieren Sie sie deshalb über wichtige Änderungen, zum Beispiel über neue Aufgaben oder Themenschwerpunkte. Zudem finden Sie mithilfe der dargestellten Suchfunktionen immer wieder Anlässe, die Anzahl Ihrer direkten Kontakte zu erhöhen und zugleich die bestehenden Beziehungen zu vertiefen.

● ●

Neuigkeiten Ihrer Kontakte

Die Listen unter „Kontakt-Neuigkeiten" im Premium-Bereich bieten vielfältige Chancen zur Netzwerkpflege. Gratulieren Sie Ihren Kontakten, wenn sie beispielsweise eine höhere Position im Unternehmen eingenommen haben. Wünschen Sie Glück und Erfolg beim Wechsel zu einem neuen Arbeitgeber. Und übernehmen Sie direkt die neuen Kontaktdaten, wenn sich in dem Bereich etwas geändert hat.

Hier finden sich auch die Geburtstage Ihrer Kontakte. Es empfiehlt sich jedoch die automatischen Benachrichtigungen von XING zu nutzen, damit Sie diesen Anlass nicht verpassen.

Kapitel 5

Neues aus Ihrem Netzwerk: So behalten Sie die Übersicht

Direkt auf Ihrer Startseite finden Sie stets die neuesten Informationen aus Ihrem Netzwerk. Je mehr Kontakte Sie haben, desto mehr bekommen Sie hier zu lesen. In diesem Kapitel zeigen wir Ihnen, wie Sie den Überblick behalten und selbst die richtigen Informationen an Ihr Netzwerk senden.

Informationen aus dem eigenen Netzwerk

Die Nutzer von XING können jederzeit Statusmeldungen senden, die das eigene Netzwerk über Neuigkeiten informieren. Zusätzlich gibt es auf immer mehr Websites einen XING-Button, über den man die gefundene Information mit seinem Netzwerk teilen kann. (Wie Sie einen solchen Button auf Ihrer Website einrichten können, erfahren Sie später noch.) Und dann sind da noch die vielen automatisch erzeugten Informationen: Viele Mitglieder wissen gar nicht, dass diese an die eigenen Kontakte gesendet werden. Beispielsweise informiert XING automatisch über Profiländerungen, neue Kontakte, Eventteilnahmen, geschriebene Gruppenartikel und erstellte Jobangebote.

All diese Informationen über Ihre direkten Kontakte erhalten Sie auf der Startseite bei XING. Je mehr Kontakte Sie haben, desto mehr Neuigkeiten kommen herein. Am oberen rechten Rand der Liste können Sie filtern, welche Informationen angezeigt werden sollen. Wird es Ihnen bei einem Kontakt zu viel und werden stets für Sie wenig sinnvolle Meldungen angezeigt, können Sie diese Einträge mit einem Kreuz rechts daneben dauerhaft ausblenden. Die ausgeblendeten Kontakte finden Sie oberhalb der Liste unter „Ausgeblendet" wieder, Sie können sie jederzeit wieder einblenden.

Kommentare und der Button „Interessant"

Unterhalb der Meldungen finden Sie kleine Icons, über die Sie direkt einen Kommentar schreiben oder den Eintrag als „Interessant" markieren können. In beiden Fällen bekommt Ihr Kontakt eine Nachricht per E-Mail als Hinweis, sofern er diese Benachrichtigung nicht unter „Einstellungen" (links in der XING-Leiste), „Benachrichtigungen" ausgeschaltet hat. Zusätzlich werden die Reaktionen auf eigene Aktivitäten links in der XING-Leiste angezeigt. So können Sie ganz einfach mit Ihren Kontakten interagieren, denn wenn ein weiterer Kommentar zur Meldung geschrieben wird, werden Sie darüber per E-Mail-Nachricht informiert. Öffentliche Informationen sind zusätzlich mit einem Icon zur Weiterempfehlung der Information an die Mitglieder Ihres eigenen Netzwerks versehen.

Der Informationsfluss in das eigene Netzwerk

Sie können nicht nur Informationen von Ihren Kontakten erhalten, sondern auch selbst welche aussenden. Dazu klicken Sie auf der Startseite von XING in die Zeile „Mitteilung". Sie haben hier 420 Zeichen Platz für Ihre Botschaft. Sollten Sie auch Twitter und Facebook nutzen, können Sie Ihre Nachricht mit einem Klick auf den entsprechenden Haken unterhalb der Meldung auch direkt dort veröffentlichen. Beim ersten Mal muss diese Verbindung legitimiert werden, danach reicht das Setzen des Hakens. Bedenken Sie aber, dass bei Twitter maximal 140 Zeichen übernommen werden.

Wie oft schreibt man Statusmeldungen?

Stellen Sie sich vor, Sie würden jede Neuigkeit, die Ihr Netzwerk wissen soll, auf ein großes Schild schreiben und dieses dann von einem Boten durch die Stadt tragen lassen. Denken Sie jedes Mal an dieses Bild, wenn Sie eine neue Statusmeldung schreiben, und überlegen Sie, ob Sie für die jeweilige Nachricht im echten Leben einen Boten losschicken würden. Sehr viele Meldungen, die täglich in den unterschiedlichen Netzwerken kursieren, sind eher unwichtig. So wird der Datenstrom immer größer, sodass er kaum noch zu bewältigen ist, und das hat natürlich auch mit den vielen automatischen Meldungen zu tun. Wenn Sie zu viele Boten aussenden, besteht die Gefahr, dass Ihr Netzwerk Sie ausblendet.

So verhindern Sie unnötige automatische Meldungen

Wie beschrieben sendet XING automatisch Informationen weiter. In den Einstellungen (in der XING-Leiste) können Sie im Bereich „Privatsphäre" bestimmen, welche davon überhaupt an Ihre Kontakte versendet werden sollen. Je aktiver Sie bei XING sind, desto mehr automatische Meldungen sollten Sie abschalten. Denn je häufiger Sie Ihrem Netzwerk eigentlich unnütze Informationen schicken, desto größer ist die Gefahr, dass Sie von Ihren Kontakten ausgeblendet werden. Schauen Sie sich in Ihrem Profil den Bereich „Aktivitäten" an, dort sehen Sie, welche Informationen Ihre Kontakte in der letzten Zeit über Sie bekommen haben.

Aktivitäten im eigenen Profil

Falls Sie die Funktion der automatischen Meldungen angeschaltet lassen, überprüfen Sie regelmäßig in Ihrem Profil unter „Aktivitäten", was alles an Ihr Netzwerk gesendet wurde. Hier können Sie die automatisch erzeugten Nachrichten übrigens auch wieder löschen. Das ist aber nur sinnvoll, wenn die Meldung nicht schon mehrere Stunden oder gar Tage alt ist, ansonsten werden die meisten Kontakte sie schon empfangen haben.

Den Bereich „Aktivitäten" in Ihrem Profil können alle Ihre direkten Kontakte standardmäßig sehen. Das lässt sich in den Einstellungen zur Privatsphäre verändern. Hier können Sie die Sichtbarkeit ganz unterbinden oder auch allen Mitgliedern erlauben. Dann kann jeder, der Ihr Profil aufruft, alle Ihre bisherigen Aktivitäten auf XING sehen. Bedenken Sie dabei aber, dass zu den Meldungen jeweils auch das Datum und die Uhrzeit angezeigt werden.

Websites an das eigene Netzwerk empfehlen

Wenn Sie eine Website finden, die für Ihre Kontakte ebenfalls interessant sein könnte, gibt es einen schnellen und einfachen Weg, wie Sie diese im eigenen Netzwerk bekanntmachen können. Richten Sie sich dazu in Ihrem Browser das sogenannte XING-Bookmarklet ein. Dabei handelt es sich um einen Button in der Lesezeichen-Leiste Ihres Browsers, mit dem Sie Artikel, Bilder oder Videos, auf die Sie im Internet stoßen, Ihren Kontakten empfehlen können. Dazu klicken Sie einfach auf den mit dem Bookmarklet eingerichteten Button in Ihrem Browser, wenn Sie sich auf einer entsprechenden Website befinden, und schon erscheint Ihre Empfehlung bei XING. Genaueres dazu, wie Sie diese Funktion einrichten, finden Sie in der Fußzeile bei XING unter „Nützliches", „Downloads", „XING-Widgets".

So richten Sie einen XINGShare-Button auf Ihrer eigenen Website ein

Ebenfalls in der Fußzeile von XING unter „Nützliches", „XING Share-Button" können Sie einen sogenannten Code-Schnipsel erzeugen, den Sie auf Ihren Websites einsetzen können. Klickt jemand auf den so entstandenen XING-Share-Button auf Ihrer Website, kann er diese seinem Netzwerk empfehlen.

Falls Sie sich mit der Erstellung von Websites nicht auskennen, reichen Sie diese Information einfach an Ihren Webdesigner weiter. Er richtet auf Ihrer Seite diese Funktion ein, mit der Besucher den Titel und die Adresse (URL) Ihrer Seite in Form eines Links im eigenen Netzwerk bekannt machen können.

Kapitel 6:

„Mein Netzwerk":
Wie Sie Ihre
Kontakte verwalten

Die Bausteine Ihres Netzwerks sind die bestätigten Kontakte, unter „Startseite", „Kontakte" verwalten und organisieren Sie sie. Zum Thema Kontakte haben Sie ja schon einiges Grundsätzliches im zweiten Kapitel erfahren. Nun geht es darum, wie Sie Ihr Netzwerk pflegen und Ihre Kontakte zielgerichtet managen.

Ihre Kontakte

Wenn Sie den Menüpunkt „Kontakte" unter „Startseite" anklicken, werden Ihnen alle Ihre bestätigten Kontakte angezeigt. Über deren Bedeutung haben Sie bereits in Kapitel 2 einiges erfahren.

Funktionen zur Kontaktverwaltung

Neben jedem Kontakt finden Sie rechts Symbole, beispielsweise um direkt Nachrichten an diesen zu senden oder einen Ihrer Kontakte an eine andere Person oder auch Ihr komplettes Netzwerk zu empfehlen.

EMPFEHLEN SIE IHRE KONTAKTE

Nutzen Sie die Funktion zum Empfehlen von Kontakten möglichst oft. Sie eignet sich hervorragend zum Netzwerken und Sie geben Ihren Kontakten die Chance, direkt aktiv zu werden. Das bedeutet für Sie: Formulieren Sie Ihre Nachricht so, dass sie eine Aufforderung enthält. Senden Sie beispielsweise an einen Dienstleister die Telefonnummer eines möglichen Kunden und fordern Sie den Empfänger auf, diesen zu kontaktieren. Wenn Sie den Haken am unteren Ende des Fensters setzen, erhält auch der potenzielle Kunde diese Nachricht und ist ebenfalls informiert. Außerhalb von XING können Sie genauso vorgehen.

Geben Sie dem Dienstleiter weitere Informationen über den Interessenten, damit er sich optimal auf die Kontaktaufnahme vorbereiten kann. Auch im umgekehrten Fall, wenn Sie den Interessenten auffordern, sich beim Dienstleister zu melden, wissen alle Bescheid, wenn Sie Ihre Empfehlung an beide Beteiligten verschicken. Denn manchmal wird nicht erwähnt, dass jemand vorab eine Empfehlung bekommen hat.

Über den Link „Mehr" rechts neben jedem Kontakt in der Liste können Sie weitere Optionen zur Verwaltung aufrufen. Beispielsweise ist es möglich, direkt die bisherige Korrespondenz (Ein- und Ausgangsnachrichten) mit einem Kontakt oder die Aktivitäten des Kontakts zu öffnen. Zudem lässt sich hier die Freigabe der Kontaktdaten einzeln festlegen. Sie können auch die sogenannten vCards aufrufen, mit denen Sie Ihre Kontakte in eine Kundenverwaltung wie Outlook oder Notes übernehmen. Falls Sie einen Kontakt wieder aus Ihrem Netzwerk entfernen wollen, ist dies mit der Funktion „Löschen" möglich. Der so getrennte Kontakt erhält keine gesonderte Information, wenn Sie ihm nicht parallel eine Nachricht senden.

Was ist der Sinn und Zweck von Kategorien?

Mithilfe der Kategorien bei XING ordnen Sie – ebenso wie bei Microsoft Outlook – einzelnen Kontakten Merkmale zu und können sie darüber zu Gruppen zusammenfassen. Dieses Vorgehen trägt dazu dabei, Ihre Kontakte zu strukturieren, damit Sie auch bei hunderten oder tausenden von Kontakten die Übersicht behalten. Als Seminaranbieter kennzeichnen Sie beispielsweise alle Interessenten mit der Kategorie „Seminarinteresse". Als Eventveranstalter fassen Sie alle Sänger, Tänzer und Zauberer in der Gruppe „Künstler" zusammen und weisen ihnen die entsprechende Kategorie zu. Oder Sie bilden mit der Kategorie „Kunde" eine Gruppe, die aus all Ihren im XING-Netzwerk bestätigten Kunden besteht.

Grundsätzlich können Sie Kategorien nur Ihren direkten Kontakten zuordnen. Das ist bei der Kontaktbestätigung, in der Adressbuchübersicht oder im Profil Ihres bestätigten Kontakts möglich. Welche Bezeichnungen und Schreibweisen Sie für die Kategorisierung wählen, ist allein Ihre Entscheidung. Die Kategorien sind nur für Sie sichtbar, bei der Anzahl gibt es keinerlei Einschränkungen. Sie können einen Kontakt auch mit mehreren Kategorien versehen und ihn auf diese Weise verschiedenen Teilzielgruppen zuordnen.

So setzen Sie Kategorien

Falls Sie schon über bestätigte Kontakte verfügen, vergeben Sie neue Kategorien am schnellsten direkt in der Liste, die sich öffnet, wenn Sie „Startseite" und dann „Kontakte" anklicken. Unter jedem Kontakt finden Sie den Eintrag „Kategorien" und können hier beliebig viele Wörter eintragen. (Sollten Sie die Kategorien nicht sehen, schalten Sie oben rechts über der Liste die Ansicht um.) Neu vergebene Kategorien erscheinen danach automatisch in der

Übersicht rechts neben Ihrer Kontaktliste. Sobald Sie in das Eingabefeld für eine neue Kategorie klicken, zeigt XING Ihnen die zehn am häufigsten genutzten Kategorien an. Geben Sie dort selbst Text ein, wird die Auswahl weiter eingeschränkt.

Nachdem Sie die vorhandenen Kontakte gekennzeichnet haben, vergeben Sie von nun an Ihre Kategorien am besten gleich bei der Kontaktbestätigung, zum Beispiel während Sie darüber entscheiden, welche Kontaktdaten Sie im Einzelfall freischalten. Die Kategorien werden jeweils auch im Profil angezeigt und können dort direkt bearbeitet werden.

So priorisieren Sie Ihre Kontakte

Wer sehr viele bestätigte Kontakte hat, verliert leicht den Überblick. Legen Sie in einem solchen Fall mithilfe der Kategorien fest, wen Sie regelmäßig kontaktieren möchten, um die Verbindung zu halten. Gruppieren Sie Ihre Kontakte dazu nach Prioritäten, indem Sie sie zum Beispiel als „A-Kontakt", „B-Kontakt" oder „C-Kontakt" kennzeichnen. Konzentrieren Sie sich zunächst auf Ihre A-Kontakte und vergeben Sie an diese eine Kategorie, mit der Sie sie jederzeit in eine gemeinsame Liste bringen können. So vermeiden Sie, dass Sie Ihre größten Kunden, Fürsprecher und Multiplikatoren aus den Augen verlieren.

Überlegen Sie auch, wie Sie mit den unterschiedlichen Kontaktgruppen umgehen wollen. Ihre Vorgaben könnten beispielsweise so aussehen: A-Kontakte werden monatlich angerufen und über neue Informationen sofort benachrichtigt. Bei B-Kontakten genügt eine Kontaktaufnahme pro Quartal.

Kategorie-Gruppen anzeigen lassen

Sobald Sie einem Kontakt eine erste Kategorie zugeordnet haben, wird im Adressbuch neben Ihren bestätigten Kontakten eine Übersicht angezeigt. Damit Ihnen die wichtigsten Schlagwörter sofort ins Auge fallen, erscheinen besonders häufig vergebene Kategorien fett formatiert. Klicken Sie auf eine der Kategorien, erhalten Sie eine Liste der Kontakte, die Sie zuvor entsprechend charakterisiert haben.

KATEGORIEN ALS FILTER BEI EVENTEINLA-DUNGEN

Wenn Sie einen Event bei XING anlegen, können Sie die einzuladenden Kontakte mittels der von Ihnen vergebenen Kategorien eingrenzen. Wählen Sie zum Beispiel nach regionalen Kriterien aus. Wie Sie dabei genau vorgehen, erfahren Sie in Kapitel 10.

„Kontaktanfragen"

Die Liste der Kontaktanfragen umfasst alle Mitglieder, von denen Sie eine Kontaktanfrage erhalten oder an die Sie eine Anfrage gesendet haben. Die Menge der gesendeten Anfragen kann nicht beliebig groß sein, XING hat hier ganz bewusst eine Grenze von derzeit 50 Kontakten gesetzt. Damit soll verhindert werden, dass massenhaft Kontakte angefragt und gesammelt werden.

Wichtig zu wissen ist, dass Sie keine Meldung bekommen, wenn ein Mitglied Ihre Kontaktanfrage ohne Nachricht ablehnt. Ihre Anfrage bleibt dann in der Liste, bis der Kontakt von der Gegenseite bestätigt wird oder Sie Ihre Anfrage aufheben. Spätestens wenn Sie keine neuen Anfragen mehr hinzufügen können, weil Sie das Maximum erreicht haben, müssen Sie einige wieder löschen.

Die an Sie gestellten Kontaktanfragen können Sie direkt bestätigen. Diese Funktion haben Sie bereits in Kapitel 2 kennen gelernt. Wenn Sie die Kontaktanfrage eines Mitglieds ablehnen und keine Nachricht dazu schreiben, erhält der Anfragende keine Benachrichtigung. Sie verbleiben in solchen Fällen weiterhin in seiner Liste der unbestätigten Kontakte.

„Gemerkte Personen"

Es kann Situationen geben, in denen Sie einem anderen Mitglied vielleicht nicht gleich eine Kontaktanfrage schicken möchten. Oder Sie haben ein interessantes Profil gefunden und keine Zeit, sofort eine Nachricht zu schreiben.

Eventuell hat auch eine Mitgliedersuche so viele Ergebnisse gebracht, dass Sie die Trefferliste nur Stück für Stück abarbeiten können.

In solchen Fällen bietet es sich an, die Funktion „Person merken" zu nutzen, die Sie in den Profilen bisher nicht bestätigter Kontakte rechts oben unter „mehr" finden. Nach dem Anklicken dieser Funktion öffnet sich ein Eingabefeld, in das Sie Notizen zur Person eingeben können. Diese sind nur für Sie sichtbar und erinnern Sie später daran, warum Sie an diesem Mitglied interessiert sind. Welche Personen Sie sich vorgemerkt haben, können Sie jederzeit unter „Startseite", „Kontakte", „Gemerkte Personen" nachschauen. Die Liste dieser Personen ist nach Datum der Vormerkungen sortiert.

Verschicken Sie Einladungen an Nicht-Mitglieder

Im XING-Netzwerk sind zwar bereits viele Millionen Menschen registriert, dennoch wird es immer wieder Bekannte geben, die Sie hier noch nicht finden. Wollen Sie diesen Personen XING vorstellen, damit sie die Vorzüge des Netzwerks kennenlernen können, laden Sie sie einfach ein. Jedes Nicht-Mitglied, das sich auf Ihre Einladung hin anmeldet, erhält einen Monat Premium-Mitgliedschaft gratis. Und auch Sie profitieren, denn für sieben neue Mitglieder, die Sie ins Netzwerk eingeladen haben, erhalten Sie ebenfalls einen Freimonat. Entscheiden sich die eingeladenen Personen dann noch für eine Premium-Mitgliedschaft, werden Sie für jede Registrierung mit einem weiteren Freimonat belohnt.

„Ihr persönlicher Einladungslink"

Ihren persönlichen Einladungslink finden Sie in der Fußzeile unter „Nützliches", „Zu XING einladen". Kopieren Sie ihn zum Beispiel in Ihre Signatur, um auf das XING-Netzwerk hinzuweisen. Dabei entscheiden Sie je nach gewähltem Link darüber, ob die eingeladenen Personen automatisch zu bestätigten Kontakten werden sollen.

Einladungsfunktion bei XING

Anstelle eines Links können Sie auch die Einladungsfunktion von XING nutzen, um jemanden direkt per E-Mail anzusprechen. Diese Funktion finden Sie ebenfalls in der Fußzeile unter „Nützliches", „Zu XING einladen". XING schlägt Ihnen dafür einen Text vor, den Sie vor dem Absenden beliebig anpassen können.

Falls Sie die E-Mail-Adressen Ihrer Kontakte in einem Online-Adressbuch gespeichert haben, beispielsweise bei GMX, Freenet, Google Mail oder T-Online, können Sie diese für die Einladungen importieren. XING prüft vor dem Versand anhand der E-Mail-Adressen, ob einzelne Kontakte eventuell bereits Mitglied sind. Diese werden dann nicht eingeladen, sondern als vorhandene Mitglieder in einer Liste angezeigt. Wenn Sie eine Vielzahl von E-Mail-Adressen übernehmen, ist es nicht möglich, den vorgeschlagenen Einladungstext zu verändern. Damit wird die Aussendung von Spam verhindert.

Tipp

• •

VERWEISEN SIE AUF WICHTIGE INFORMATIO-NEN

Die Erfahrung hat gezeigt, dass Einladungen ohne ausführlichere Erklärung der Vorteile von XING oft nicht angenommen werden. Wenn Sie wollen, können Sie daher in Ihren Einladungen auf die Seite www.jeder-ist-unternehmer.de/wozuxing verweisen; dort sind anhand von Beispielen die Gründe erläutert, warum sich die Mitgliedschaft bei XING lohnt. Zudem finden Interessierte hier Tipps für den Einstieg.

• •

XING-Logos für die eigene Internetseite

Machen Sie außerhalb von XING auf Ihr Profil aufmerksam und erweitern Sie Ihr Netzwerk. Wenn Sie wollen, nutzen Sie dazu einen der vielen Buttons, die im Downloadbereich von XING angeboten werden. Sie können ihn in Ihren Blog, Ihre Internetseite oder Ihre E-Mail-Signatur integrieren. Besucher Ihrer Seiten und Empfänger Ihrer E-Mails können dann direkt auf Ihre Profilseite gelangen, indem sie den Button anklicken.

Wenn Sie das wollen, ist es allerdings notwendig, dass Sie die Einstellungen zur Privatsphäre so wählen, dass Ihr Profil auch von Nicht-Mitgliedern aufgerufen werden kann. Ansonsten würde ein Nicht-Mitglied lediglich auf einer wenig ansprechenden Hinweisseite landen. Sie finden den Downloadbereich auf jeder XING-Seite, und zwar in der Fußzeile unter „Nützliches".

So funktioniert der Adressbuch-Abgleich

Die meisten neuen Mitglieder suchen direkt nach der Registrierung erst einmal nach Geschäftspartnern, Freunden und Bekannten, die sich auch bei XING angemeldet haben. Wenn Sie über einen großen Stamm an bestehenden Kontakten verfügen, kann dies jedoch eine sehr zeitaufwendige Angelegenheit werden. Wesentlich effektiver ist es, wenn Sie die Einträge in Ihrem Adressbuch mit den Profilen im XING-Netzwerk abgleichen. Dabei ist es vollkommen gleichgültig, ob Sie Ihre Kontakte aktuell in Microsoft Outlook, einer beliebigen anderen Adressverwaltung, in einer Excel-Datei oder einem Online-Adressbuch bei GMX, Freenet, Google oder T-Online verwalten. In all diesen Fällen können Sie Ihre vorhandenen Kontakte direkt mit den Einträgen bei XING abgleichen.

Beim Abgleich wird, abhängig von Ihren Daten, in der XING-Datenbank nach der E-Mail-Adresse oder nach dem Namen und der Stadt gesucht. Die gefundenen Übereinstimmungen werden in Form einer Liste angezeigt, sodass Sie diese Personen direkt als Kontakt hinzufügen können.

Klicken Sie dabei jedoch nicht einfach nur auf „Hinzufügen", sondern rufen Sie das Profil Ihres Kontakts auf und überlegen Sie, was Sie dem anderen zum Kontaktstart auf XING geben können. So machen Sie direkt klar, dass Sie an Austausch und Networking interessiert sind. Ihr neuer Kontakt wird dann sehr wahrscheinlich auch Ihr Profil aufrufen und sich intensiver mit Ihnen beschäftigen, als hätte er nur eine leere Kontaktanfrage bekommen. Denn die wird häufig nur mit einem kurzen Klick bestätigt.

Bei häufig vorkommenden Namen, zum Beispiel Martin Müller oder Andreas Schmidt, die im XING-Netzwerk mehrere hundert Mal vertreten sind, kann es passieren, dass sie mehrmals aufgelistet werden, weil der gleiche Name in der gesuchten Stadt nicht nur einmal auftaucht. Überprüfen Sie dann, welche Person die von Ihnen gesuchte ist.

Ein Wort zum Datenschutz: XING garantiert Ihnen, die Daten Ihrer Adressbücher nur zum einmaligen Abgleich zu speichern und anschließend sofort wieder zu löschen. Zum Schutz Ihrer Daten wendet XING stets die aktuellsten Datenschutz- und Verschlüsselungstechnologien an.

Wie Sie XING-Kontakte exportieren

Wenn Sie Microsoft Outlook nutzen, steht Ihnen mit dem „XING Connector für Microsoft Outlook" eine Software zur Verfügung, mit der die Kontaktdaten Ihrer Geschäftspartner und Freunde auch in Ihrem Outlook-Adressbuch jederzeit aktuell bleiben. Sie finden den Connector im Bereich „Downloads" in der Fußzeile bei XING unter „Nützliches". Auf der dort verlinkten Website ist sehr gut beschrieben, wie diese Software arbeitet und wie sie installiert wird.

Tipp

MACHEN SIE SICH NOTIZEN ZU IHREN KONTAKTEN

Wenn Sie stets auf dem Laufenden sein wollen, nutzen Sie das Notizfeld im XING-Profil Ihrer Kontakte. Tragen Sie dort alles ein, was mit der jeweiligen Person zu tun hat, zum Beispiel wer Kontakt aufgenommen hat, wann wichtige Telefonate oder Begegnungen stattgefunden haben oder welche Interessen und Eigenarten Ihren Kontakt auszeichnen. Falls Sie Ihre Informationen in Outlook weiterpflegen, vermerken Sie das im Notizfeld bei XING. So erinnern Sie sich sofort daran, dass Sie die bisherigen Notizen in den Outlook-Kontakt kopiert haben und sie dort zu finden sind.

Für Mac-Anwender empfiehlt sich das Programm CoBook. Es synchronisiert auf Wunsch mit XING und weiteren sozialen Netzwerken. Mehr Informationen finden Sie unter www.cobookapp.com.

Wenn Sie mit anderen Adressverwaltungsprogrammen oder CRM-Systemen arbeiten, fragen Sie beim Anbieter nach, ob es Schnittstellen zu XING gibt. Unabhängig davon, wie Sie im Einzelnen vorgehen, Sie bekommen immer nur diejenigen Kontaktdaten auf Ihren Rechner, die von den jeweiligen Mitgliedern für Sie freigegeben wurden.

XING auf dem Handy, PDA oder iPhone

Für viele Systeme hält XING mittlerweile eigene Applikationen bereit, mit denen die Mitglieder die wichtigsten Funktionen auch mobil nutzen können.

Sollte für Ihr mobiles Gerät (noch) keine App zur Verfügung stehen, geben Sie touch.xing.com in den Internetbrowser Ihres Handys ein. Sie werden dann automatisch auf das XING-Mobile-Portal weitergeleitet. Die Darstellung des Bildschirms passt sich Ihrem jeweiligen Medium an. Mit der optimierten Oberfläche stehen Ihnen viele Funktionen von XING auch unterwegs zur Verfügung.

Kapitel 7:

Nachrichten schicken und empfangen: das interne Mailsystem von XING

Damit Sie und andere Mitglieder Informationen leicht austauschen können, hat XING ein eigenes Nachrichtensystem eingerichtet. Das Senden von Nachrichten an ein anderes Mitglied ist meist mithilfe des entsprechenden Buttons aus dessen Profil heraus möglich. Auch über Ihr Adressbuch und über das kleine Briefsymbol, das Sie an verschiedenen Stellen bei XING finden, können Sie Kontakte direkt anschreiben. Wie Sie die Möglichkeiten dieses Systems nutzen können, erfahren Sie in diesem Kapitel.

Nachrichtensperre für Basis-Mitglieder

Dieses Mailsystem steht nur Premium-Mitgliedern zur Verfügung. Basis-Mitglieder können lediglich auf erhaltene Nachrichten antworten und Ihre bereits bestehenden Kontakte anschreiben. Doch es kann auch Premium-Mitgliedern passieren, dass eine Nachricht nicht gesendet wird. Erhalten Sie die Meldung „Fehler – Das Senden einer Nachricht an diesen Nutzer ist nicht möglich, da der Nutzer den Kontakt über Nachrichten in seinen Einstellungen untersagt hat", dann hat die von Ihnen ausgewählte Person den Empfang von Nachrichten auf einen bestimmten Kontaktkreis eingeschränkt oder sogar ganz unterbunden. Manchen Mitgliedern ist nicht klar, dass eine solche Fehlermeldung generiert wird, wenn sie in den Einstellungen zur Privatsphäre den Erhalt von Nachrichten ablehnen.

Bitte beachten: klare Regeln bei XING

Machen Sie sich bewusst, dass bei XING klare Regeln für das Verschicken von Nachrichten an solche Mitglieder gelten, die noch nicht zu den eigenen bestätigten Kontakten zählen. Eine Nachricht muss personalisiert sein, das heißt, sie beginnt immer mit einer persönlichen Anrede, beispielsweise so: „Sehr geehrter Herr Müller". Ferner muss jede Nachricht einen klaren Bezug zum Profil der angeschriebenen Person haben, dabei sollte man sich an den Feldern „Ich suche" und „Ich biete" orientieren. Beziehen Sie sich also in jedem Fall auf einen entsprechenden Eintrag, denn ansonsten kann es passieren, dass sich ein Mitglied über Sie beschwert. Dann prüft XING die betreffende Nachricht daraufhin, ob ein Bezug zum Profil des Empfängers fehlt oder sonstige Verstöße vorliegen. Wird Derartiges festgestellt, werden Sie von XING verwarnt. Ein strenges Verbot besteht für Massennachrichten, Multilevel-Marketing (MLM) sowie andere Arten von Spam (unerwünschte Werbe-E-Mails). Ein Verstoß dagegen kann zur Sperrung des Accounts bei XING führen.

Auch Sie können Nachrichten, die die obigen Regeln missachten, als Spam oder Missbrauch melden. Rechts oberhalb von geöffneten Nachrichten befinden sich Optionen, dort besteht die Möglichkeit, eine Nachricht als Spam zu melden. Geben Sie dort den Grund für Ihre Meldung an, das Support-Team von XING kümmert sich dann darum. Das betreffende Mitglied erfährt nicht, von wem die Meldung stammt und wegen welcher Nachricht es die Abmahnung erhält. Natürlich wird diese Maßnahme nur ergriffen, wenn eine Beschwerde tatsächlich begründet ist. Wenn sich alle Mitglieder gegen derartige Verstöße wehren, wird XING frei von unerwünschter Werbung bleiben und Spam effektiv ferngehalten.

●●

IM GESPRÄCH

Gunnar Marx, stellt sich vor: Ich bin Seniorberater bei Consensa Projektberatung GmbH & Co. KG und unterstütze unsere Kunden in entscheidenden Projektsituationen (zum Beispiel Projektstart, Kick-off-Workshop, Review). Als Prozessverantwortlicher trage ich dazu bei, dass sich die Projektbeteiligten fachlich einbringen können. Dabei sorgen wir für eine optimale Zusammenarbeit der Mitspieler. In der Qualifizierung zur Projektarbeit erleben die Teilnehmer unserer Seminare Trainings mit starkem Praxisbezug und bearbeiten ausschließlich Themen aus Ihrem Arbeitsalltag.

Wie lange sind Sie schon XING-Mitglied und wie haben Sie von XING erfahren?
Ich bin seit etwa sieben Jahren Mitglied. Erfahren hab ich von XING durch ein Schnupperangebot und bin dann dabei geblieben.

Wie nutzen Sie XING?
Bevor ich Ihr Buch gelesen habe, dachte ich: Ist ja eine ganz nette Plattform, um den einen oder anderen Freund aus vergangenen Tagen wiederzutreffen. Außerdem war ich gerade auf der Suche nach alten Klassenkameraden, die ich zu finden hoffte. Ich habe XING also unregelmäßig genutzt; eher zufällig und als „Surfer". Inzwischen nutze ich XING systematisch und auf verschiedene Weisen. Noch immer suche ich gezielt und koordiniert alte Weggefährten. Nach 20 Berufsjahren gibt es einige spannende wiederbelebte Kontakte. Als Informationsquelle über Firmen, Organisationen und Zusammenhänge ist XING für mich ebenso unersetzlich. Egal in welcher Kunden-Lieferanten-Situation ich gerade bin, die Informationsbeschaffung über XING ist sehr hilfreich. Vor allem, weil sie an Personen geknüpft ist. Durch die Möglichkeit, sich im wahrsten Sinne des Wortes ein Bild von möglichen Gesprächspartnern zu machen, wird die Kontaktaufnahme erheblich erleichtert. Das gilt natürlich für beide Seiten.

Welche Erfolge können Sie bisher verzeichnen und wie sind Sie im Einzelnen dabei vorgegangen?

Bei Kontakten aus meinem Bekanntenkreis konnte ich anhand der Profildaten vermuten, dass unsere Expertenforen zum Thema Projektmanagement Optimierung interessant sein könnten. Daraufhin habe ich über den gemeinsamen Bekannten Kontakt aufgenommen. Durch die Gemeinsamkeit war sofort eine Basis vorhanden und so kamen über diesen Weg neue Geschäftskontakte zustande – die inzwischen langjährige Partner geworden sind.

In zwei anderen Fällen habe ich Schulfreunde von vor 30 Jahren wiedergefunden. Die Recherchemöglichkeiten bei XING haben auch sehr geholfen, als es darum ging, unser Klassentreffen zu organisieren. Nach Seminaren bei Kunden erlebe ich, dass Teilnehmer gerne mit mir den Kontakt halten möchten. Auch dafür kann ich mir momentan keine bessere Möglichkeit vorstellen als XING.

Welchen Tipp können Sie anderen Mitgliedern geben?

Bevor ich mit Noch-nicht-Kunden erstmalig Kontakt aufnehme, checke ich immer deren Website und alle Einträge bei XING. Allein durch die Anzahl der Mitglieder aus dieser Firma bei XING und deren Profile verschaffe ich mir einen ersten Eindruck. Ich gehe auch offen damit um und erwähne bei der Kontaktaufnahme, dass ich so vorgehe. Denn letztendlich kann es dazu beitragen, dass sich Anknüpfungspunkte für ein gutes Gespräch ergeben. Das ist meiner Meinung nach entscheidend für einen Kontaktaufbau. In Hamburg ist mit „XING Live Hamburg" die virtuelle Welt real geworden. Zahlreiche schöne Veranstaltungen sind in dieser Gruppe zu finden. Das Netzwerken macht richtig Spaß, wenn es nicht nur im Internet, sondern auch auf organisierten Veranstaltungen stattfindet.

•••

Sie haben eine Nachricht: der Posteingang

Falls sich in Ihrem Posteingang etwas tut, wird Ihnen das links in der sogenannten XING-Leiste angezeigt.

Für jede mögliche Art von Eingangsnachrichten steht dort ein eigenes Icon zur Verfügung. Bewegen Sie die Maus auf eines davon, zeigt XING Ihnen an, welche Informationen dahinter zu finden sind.

Mit einer Zahl an dem Icon wird Ihnen signalisiert, wenn neue Nachrichten eingegangen sind. So können Sie jederzeit erkennen, ob sich etwas getan hat, und die Nachrichten auch direkt abrufen. Der Klick auf einen Icon öffnet ein Extrafenster, nachdem Sie es geschlossen haben, sind Sie wieder auf der Seite, von der aus Sie auf das Icon geklickt haben.

Am unteren Rand dieser Extrafenster können Sie direkt in den jeweiligen Bereich hineingehen. So werden Ihnen beispielsweise beim Icon für neue persönliche Nachrichten immer nur die noch ungelesenen Nachrichten angezeigt. Klicken Sie unten auf „Alle Nachrichten", öffnet sich der Nachrichtenbereich von XING und Sie haben auch Zugriff auf bereits gelesene und von Ihnen versendete Nachrichten.

Ungelesene Nachrichten sind fett markiert, davor steht ein gelber Punkt. Indem Sie auf diesen Punkt klicken, können Sie eine Nachricht direkt als gelesen markieren.

Bei Termineinladungen steht keine Antwortfunktion zur Verfügung. Als Antwort auf eine Termineinladung sagen Sie ab oder zu.

Die Nachrichten können Sie beliebig lange aufbewahren, die Speicherdauer ist seitens XING nicht begrenzt. So haben Sie auch nach Jahren noch Zugriff darauf. Das ist vor allem für Basis-Mitglieder von Bedeutung. Zwar können diese selbst keine Nachrichten an Nicht-Kontakte verschicken, aber direkt auf eine erhaltene Nachricht antworten. Für sie ist es aus diesem Grund noch wichtiger, alle Posteingänge, die bei ihnen eingetroffen sind, gespeichert zu halten, denn so können sie die Personen, die ihnen einmal eine Nachricht haben zukommen lassen, auch später noch einmal anschreiben.

Doch auch Premium-Mitglieder profitieren von der dauerhaften Speicherung, denn über die Suche im Nachrichtenbereich können Sie jederzeit die vorhandene Korrespondenz mit einem anderen XING-Mitglied aufrufen.

Schützen Sie sich vor unerwünschten Nachrichten

Sie können den Empfang von Nachrichten sperren, das kann sich sowohl auf einzelne Mitglieder als auch auf Nicht-Kontakte beziehen. Dies kann sinnvoll sein, wenn Sie von einer bestimmten Person immer wieder belästigt werden oder grundsätzlich nicht von jedem beliebigen Mitglied direkt angeschrieben werden wollen. Die Einstellungen hierzu nehmen Sie in der XING-Leiste unter „Einstellungen", „Privatsphäre", „Nachrichten schreiben dürfen" vor.

Den Empfang von Nachrichten einzelner Mitglieder unterbinden Sie über die Datenfreigabe für eben diese Person. Die Mitglieder erhalten dann bei dem Versuch, Ihnen eine Nachricht zu schreiben, einen Sperrhinweis. Alternativ können Sie ein anderes Mitglied auch komplett blockieren, indem Sie sein Profil aufrufen und oben rechts unter „mehr" die entsprechende Option auswählen. Dann kann die betreffende Person weder Kontakt mit Ihnen aufnehmen noch Ihr Profil aufrufen.

So können Sie Textbausteine einsetzen

Wie oft tippen Sie täglich „Mit freundlichen Grüßen" oder eine andere Abschiedsformel und Ihren Namen? In den meisten E-Mail-Programmen ist es möglich, eine sogenannte Signatur zu erstellen, die automatisch am Ende jeder Nachricht eingefügt wird. Bei XING besteht diese Möglichkeit leider nicht. Es gibt jedoch nützliche Zusatzprogramme, mit denen sich bei XING Signaturen, aber auch beliebige andere Textbausteine mit einem Knopfdruck einfügen lassen. Für das Betriebssystem Windows empfehlen wir das Programm „PhraseExpress" und für Mac „Textexpander". Mit diesen Programmen können Sie Textbausteine definieren und in Ihre Nachrichten einbauen.

Ihre Signatur

Geben Sie in Ihrer Signatur nicht nur Ihren Namen, sondern noch weitere Informationen an, beispielsweise Ihre Webadresse, Kontaktdaten, Hinweise zur Erreichbarkeit oder eine Info zu einem aktuellen Angebot. Als Gruppenmoderator können Sie hier auch für Ihre Gruppe werben, indem Sie den Link zur Gruppe einsetzen. Die Signatur von mir, Joachim Rumohr, sieht zum Beispiel so aus:

Viele Grüße

Joachim Rumohr
Ihr XING-Experte Nr. 1

PS: Verpassen Sie keinen XING-Tipp und abonnieren Sie den http://newsletter.
rumohr.de.
XING-Tipps: http://blog.rumohr.de
XING-Seminare: http://www.xing-seminare.de
Medien-Shop: http://shop.rumohr.de

Einträge in das Notizfeld eines Profils

Einträge, die Sie in die Notizfelder der Mitgliederprofile schreiben, können
nur Sie sehen, für andere sind sie unsichtbar. Es bietet sich deshalb an, darin
festzuhalten, wann und auf welchem Weg ein Kontakt stattgefunden hat.
Diese Angaben lauten häufig gleich, daher ist es sinnvoll, sie mit einem Programm zu automatisieren. Ein solcher Eintrag könnte zum Beispiel „Wegen
Profil-Besuch angeschrieben" lauten. Das Datum des Eintrags wird von
XING automatisch eingesetzt.

Komplette Nachrichten einfügen

Wir empfehlen in diesem Buch, dass Sie regelmäßig die Besucher Ihres Profils
anschreiben sollten. Sicher werden Sie sich nicht immer wieder einen neuen
Text ausdenken wollen. Das geht auch anderen so und deshalb erstellen viele
Nutzer Muster in einem Textdokument und kopieren diese Texte über die
Zwischenablage in ihre XING-Nachrichten hinein. Mit den oben genannten
Softwareprogrammen können Sie solche Standardtexte fest anlegen und in-
klusive Betreffzeile bei XING einfügen. So benötigen Sie nur einen Bruchteil
der Zeit, die Sie ansonsten für eine solche Kontaktaufnahme ansetzen müss-
ten.

Normalerweise füllen Sie erst die Betreffzeile einer Nachricht aus und
wechseln dann mit der Tabulatortaste (oder einem Mausklick) in das Text-

Kapitel 7: Nachrichten schicken und empfangen

feld der Nachricht. Auch dies können Sie automatisch ablaufen lassen. Wie das vor sich geht sowie detaillierte Informationen zum Download von Phrase-Express und zu den verschiedenen Versionen, darunter auch die Netzwerk-version, finden Sie im Internet unter der Adresse www.jeder-ist-unternehmer.de/phraseexpress. Das Programm Textexpander mit deutschem Support für den Mac finden Sie auf dieser der Seite http://www.application-systems.de/textexpander/.

Kapitel 8:

Jobs & Karriere: nur für XING-Mitglieder

Der Bereich „Jobs & Karriere" ist ein Stellenmarkt der besonderen Art, denn neue Stellen werden den Mitgliedern passend zum Profil vorgeschlagen. Den Stellenanbietern stehen verschiedene Möglichkeiten offen, wie ihr Stellenangebot aussehen kann. Nicht nur im Standardformat, sondern auch komplett ausgestaltet können Stellenanzeigen bei XING eingestellt werden. Um über ein Unternehmen detaillierter zu informieren, lassen sich sogar Firmenvideos hochladen.

Der Stellenmarkt von XING unterscheidet sich ganz erheblich von herkömmlichen Stellenbörsen, denn hinter jedem Stellenangebot steht ein Mitglied mit ausführlichem Profil und Kontakten. Und auch jeder Bewerber verfügt über ein Profil und sein Kontaktnetzwerk. Bei XING kann der Bewerber direkt mit dem Anbieter eines Arbeitsplatzes Kontakt aufnehmen und sich über das Netzwerk weitere Informationen über ihn und die angebotene Stelle einholen. Als Stellensuchender sollten Sie Ihr Netzwerk daraufhin überprüfen, ob Sie gemeinsame Kontakte mit dem Stellenanbieter oder Kontakte in der anbietenden Firma haben. Vielleicht finden sich ja auch Kontakte zweiten Grades, die dort arbeiten und Ihnen nützliche Zusatzinformationen über das Unternehmen und die dortigen Entscheidungsträger geben können. Nutzen Sie dafür bei der Mitgliedersuche das Feld „Firma (jetzt)" und die Option „Kontakte meiner Kontakte".

Im Bereich „Jobs & Karriere" werden Angebot und Nachfrage über einen intelligenten Algorithmus miteinander abgeglichen. Auf der Übersichtsseite erhalten interessierte XING-Mitglieder so individuelle Stellenangebote, die auf ihr Profil abgestimmt sind. In einem weiteren Bereich gibt es eine Jobsuche nach Tätigkeitsfeldern oder Städten und die Job-Schnellsuche. Ferner können sie sehen, welche Angebote gerade im eigenen Netzwerk (von den direkten Kontakten) eingestellt worden sind. In einer weiteren Listen sehen Sie beispielsweise immer die neuesten eingestellten Jobs.

Unter dem aufgerufenen Stellenangebot zeigt XING (wenn vorhanden) mögliche Kontaktbeziehungen zum Anbieter an. Dort können Sie dann nachfragen, ob es sich um einen guten Arbeitgeber handelt.

Auf der Suche nach einem neuen Job

Wenn Sie aktiv nach einer neuen Arbeitsstelle suchen, können Sie einerseits die bereits beschriebenen Listen nutzen. Zusätzlich können Sie gezielt in den Jobangeboten auf XING suchen. Dafür stehen Ihnen umfangreiche Suchfilter zur Verfügung.

Geben Sie zunächst auf der Übersichtsseite die gewünschte Position oder das Zielunternehmen sowie einen Ort und den möglichen Umkreis für die Suche ein. Neben der Ergebnisliste können Sie dann weitere Filter setzen. Dabei besteht beispielsweise die Möglichkeit nach Beschäftigungsart, Karrierestufe, Branche und Tätigkeitsfeldern zu filtern. Sie können zudem auswählen, ob Sie nur Jobs aus Ihrem Netzwerk sehen wollen, und erkennen, seit wie vielen Tagen die Jobs bereits auf XING eingestellt sind. Wollen Sie Ihre Suche auf zukünftige Einträge ausdehnen, richten Sie dafür einen Suchauftrag ein. Sobald ein neuer Job auf XING erscheint, der zu Ihrer Suche passt, bekommen Sie automatisch einen Hinweis.

Ihre Suchaufträge finden Sie jederzeit rechts in der Seitenleiste auf der Übersicht im Jobbereich, zudem eine Liste mit den bereits gefundenen und gemerkten Jobs.

Falls Sie nur latent auf der Suche sind, schauen Sie immer mal wieder auf der Übersichtsseite, welche Jobs Ihnen vorgeschlagen werden. Vielleicht ist ja irgendwann Ihr neuer Traumjob dabei.

Stellenanzeige einstellen

Als Arbeitgeber stehen Ihnen verschiedene Lösungen sowohl für kleine und mittelständische als auch für Großunternehmen zur Verfügung. Auf XING erreichen Sie mit Ihrer Stellenanzeige qualifizierte Bewerber, Experten und Berufstätige weltweit. Hier wird Ihr Angebot von aktiv Suchenden sowie von potenziellen Kandidaten gelesen, die erfolgreich im Berufsleben stehen und nicht bei den klassischen Jobbörsen zu finden sind. Mithilfe eines intelligenten Abgleichs kann Ihr Jobangebot zudem XING-Mitgliedern, deren Profil zu Ihrem Angebot passt, angezeigt werden – sofern Sie dies wünschen.

Um eine Stellenanzeige zu veröffentlichen, klicken Sie auf „Stellenanzeige einstellen". Auf der folgenden Seite wählen Sie die gewünschte Anzeigenart. Von einfachen Textanzeigen über Anzeigen mit Logo bis hin zur individuellen Designanzeige stehen Ihnen unterschiedliche Möglichkeiten offen.

Nach der Auswahl müssen Sie zunächst ein Konto einrichten oder bei erneuter Nutzung Ihre bestehenden Angaben bestätigen. Anschließend geben Sie alle Details Ihrer Anzeige ein. Um Ihre Stellenanzeige für alle XING-Mitglieder online sichtbar zu machen, müssen Sie Ihr Angebot nur noch aktivieren. Der dafür fällige Betrag wird am Monatsende von Ihrem Konto abgebucht.

Wünschen Sie individuelle Lösungen, steht Ihnen das XING-Sales-Team für Fragen und Buchungen zur Verfügung. Nutzen Sie diesen zusätzlichen Service, um ein optimales Ergebnis zu erzielen. Die Rufnummer finden Sie auf der Anzeigenauswahlseite.

Zur Verwaltung der Jobangebote steht ein eigener Bereich zur Verfügung. Hier können Sie Ihre Anzeigen beispielsweise vorübergehend deaktivieren oder prüfen, wie viele Mitglieder sich das Stellenangebot bereits angesehen haben. Eine Einzelanzeige derjenigen, die Ihr Stellenangebot aufgerufen haben, gibt es allerdings nicht.

Der Bereich Social-Media-Recruiting hat in den letzten Jahren stark an Bedeutung zugenommen. Bücher hierzu sind erschienen, die sehr gute und ausführliche Informationen bieten. Eines davon empfehlen wir hier aufgrund der Co-Autorenschaft unserer offiziellen XING-Trainerin im Recruiterbereich Daniela Chikato. Es handelt sich um das „Praxishandbuch Social Media Recruiting", das 2013 im Verlag Springer Gabler erschienen ist und viel Experten-Know-how sowie zahlreiche Praxistipps und Rechtshinweise enthält.

● ●

IM GESPRÄCH

Uwe Dörger stellt sich vor: Ich bin selbstständiger Unternehmensberater. Man findet mich unter http://www.feuerspringer.de und natürlich bei XING. Auch über http://www.feuerspringer.eu landet man auf meiner XING-Seite. Der Name ist Programm für Unternehmen, die meine Hilfe in Anspruch nehmen wollen.

Seit wann sind Sie Mitglied bei XING?
Ich bin seit 2004 XING-Mitglied und habe durch Weiterempfehlungen von der Plattform erfahren. Am Anfang habe ich sie eigentlich nur als Adressaustauschbörse empfunden und den rechten Sinn nicht gesehen. Zum hier und da mal Nachschauen, wer denn wo gelandet oder geblieben ist, war sie interessant.

Was hat sich verändert?
Nach einem längeren Engagement, bei dem wenig Zeit fürs Netzwerken blieb, musste ich mich im Sommer 2008 neu orientieren und die Kontaktbasis wieder stärken. Das klappte alles nicht so, wie ich mir das vorgestellt hatte. Zu diesem Zeitpunkt habe ich mich deutlich intensiver mit XING beschäftigt. Da ich gerne lese, sagte ich mir: Nichts wie her mit dem „XING-Buch" – und dann wollen wir doch mal sehen, was sich da alles so rausholen lässt.

Auf welche Weise haben Sie profitiert?

Herausgekommen ist ein Profil, das deutlich besser angenommen wird. Gekoppelt mit meiner Internetseite ist das für mich als Einzelunternehmer mit wenig Marketingbudget die optimale Lösung. So können sich meine Kunden bei Anfragen schneller ein erstes Bild von mir machen. Besonderer Schwerpunkt bildet nun seit einigen Jahren auch meine Referenzseite. Hier sprechen andere über mich, meine Qualifikation und Leistungen. Für Kunden ist dies ein zusätzlicher Anreiz, mit mir in Kontakt zu treten.

Das schlägt sich auch in konkreten Zahlen nieder: Von Juli 2004 bis September 2008 waren das insgesamt etwa 2.500 Klicks. Nach der Optimierung mithilfe des Buches und durch die Herausarbeitung meines Markenprofils habe ich heute im Durchschnitt pro Woche über 100 Besucher auf meiner XING-Seite.

Dies nutze ich, um einen Großteil der Besucher anzuschreiben und nachzufragen, was ihnen an meiner Seite gefallen hat oder wie sie auf meine Seite aufmerksam geworden sind. Die Anzahl der Anfragen für meine Dienstleistung hat sich deutlich erhöht. So kann ich rund 80 Prozent meiner Aufträge durch XING generieren. Wenn ich nicht der Richtige für eine Jobanfrage bin, gebe ich sie an mein XING-Netzwerk weiter. Das funktioniert auch in die andere Richtung

Welchen Bereich nutzen Sie bevorzugt?

Neben der Kontaktierung „meiner" Besucher nutze ich vor allem die Jobbörse. Hier finde ich durch die Schlagwortsuche interessante Angebote und kann durch die von XING empfohlenen Positionen die eine oder andere Alternative finden, über die ich vielleicht sonst nicht „gestolpert" wäre. Da ich die jeweils angebotenen Positionen zudem bewerte, habe ich auch immer einen guten Überblick über die für mich interessanten Angebote.

Die Bewerbung über die Plattform ist für mich sehr komfortabel und deutlich weniger zeitaufwändig als früher. Zusammen mit meiner XING-Adresse gebe ich meinem Gegenüber eine erste Möglichkeit, sich über mich zu informieren. Damit ist das gesamte XING-Paket zu einer Visitenkarte mit wichtigen Erstinformationen für meine Außendarstellung geworden.

Was ist Ihnen dabei aufgefallen?

Die positive Resonanz auf die Veränderung hat mich regelrecht erschreckt. Ich, der ja eher die „alte" Vorgehensweise mit telefonieren, vorstellen, Beraterprofil hinterlassen und „vielen Dank, wir melden uns dann" gelernt hat, stelle mich einer Herausforderung und bekomme dann auch noch so tolles Feedback. Mittlerweile habe ich mich ganz der „neuen" Welt gewidmet, die Jobsuche findet nur noch über XING statt. Über die Jahre hinweg zeigt sich, dass meine XING-Seite als Visitenkarte sehr wichtig und sinnvoll ist.

Wichtig ist, die Referenzen nach erledigter Arbeit auch wirklich einzufordern. Das macht die Vertriebsarbeit einfacher und ich bekomme durch die gelebte Bekanntheit auf XING viele Anfragen und positive Resonanz.

●●●

Kapitel 9:

Gruppen: Profitieren Sie vom Wissensaustausch bei XING

Im XING-Netzwerk haben Sie Zugriff auf ein gewaltiges, extrem vielfältiges Fachwissen in tausenden von Gruppen. In vielen gibt es Spezialisten, die sich gern an Diskussionen beteiligen und dabei ihr Know-how einbringen. Zudem können Sie sich in Ihrem Fachgebiet einen Namen als Experte aufbauen, indem Sie Fragen anderer Mitglieder beantworten. Oder Sie moderieren selbst eine Gruppe und tauschen sich mit Gleichgesinnten aus, wenn Ihnen ein Thema besonders am Herzen liegt.

Was ist eine Gruppe?

In den Gruppen hat jedes XING-Mitglied die Möglichkeit, Beiträge zu schreiben, zu lesen und auf Beiträge anderer zu antworten. So können beispielsweise Informationen verbreitet, Fachartikel veröffentlicht und offene Fragen zu fast jedem Thema gestellt und beantwortet werden. Außerdem bietet XING jedem Mitglied die Chance, eigene Gruppen zu eröffnen und andere zum Austausch einzuladen. Davon wurde bereits reichlich Gebrauch gemacht, inzwischen sind zehntausende Gruppen zu den unterschiedlichsten Themen entstanden.

Neben den Gruppen, die allen offenstehen, gibt es Zusammenschlüsse von Mitgliedern, die mit einer sogenannten Freischaltungspflicht verbunden sind. Das bedeutet, dass die Moderatoren entscheiden, wer in der Gruppe Mitglied werden darf. Häufig finden solche „Zugangskontrollen" in Alumni-Gruppen oder speziellen Interessengruppen statt, zum Beispiel beim „AFTER-WORK-GOLF.net", in das nur Personen aufgenommen werden, die Mitglied in einem Golfclub sind.

Um zu erfahren, ob in einer Gruppe eine solche Freischaltungspflicht besteht, gehen Sie folgendermaßen vor: Wenn Sie den Link zu einer Gruppe anklicken, landen Sie direkt auf der Seite „Über diese Gruppe". Hier finden Sie auf der rechten Seite die „Einstellungen" und darunter den Eintrag „Teilnahme freischaltungspflichtig". Steht dahinter ein „Ja", erhalten Sie nach dem Klick auf den Button „Jetzt Mitglied werden" Informationen zu den Aufnahmebedingungen. Die geforderten Angaben können Sie direkt in ein Eingabefeld eintragen und damit Ihre Mitgliedschaft beantragen. Ihre Anfrage wird dann an die Moderatoren weitergeleitet und geprüft. Sofern Sie die vorgegebenen Kriterien erfüllen, werden Sie von einem Moderator in die Gruppe aufgenommen, ab diesem Zeitpunkt können Sie Beiträge lesen und schreiben.

Wie lassen sich interessante Gruppen finden?

Unter den vielen Gruppen im XING-Netzwerk gibt es sicher auch einige, die für Sie wichtig und interessant sind. Vielleicht zweifeln Sie angesichts der

Vielfalt daran, dass Sie überhaupt eine passende Gruppe finden, doch das ist recht einfach. Das Wichtigste: Sie müssen sich vorher überlegt haben, was Sie suchen. Machen Sie sich also vorab Gedanken darüber, mit welcher Zielsetzung Sie sich an einer Gruppe beteiligen wollen. Möchten Sie zum Beispiel Antworten auf drängende Fragen erhalten, eigenes Wissen weitergeben, Kunden oder Kollegen finden oder sich einfach nur mit Gleichgesinnten austauschen? Sobald Sie sich über Ihre Ziele im Klaren sind, können Sie loslegen.

Gut zu wissen

• •

OFFIZIELLE XING-GRUPPEN

Auf der Seite „Gruppen" sind unter „Gruppen finden" die offiziellen Branchen- und Regionalgruppen von XING aufgelistet. Diese werden von ausgesuchten Moderatoren geführt, die mit XING eine spezielle Vereinbarung geschlossen und sich damit verpflichtet haben, für die Gruppenmitglieder mindestens vier Events pro Jahr zu veranstalten. Die Moderatoren der Branchengruppen werden auf XING „XPerts" genannt und haben einen zusätzlichen hellblauen Haken im Profil. In den regionalen Gruppen heißen die Moderatoren „Ambassadors" (Botschafter), sie sind am orangefarbenen Haken zu erkennen.

Werden Sie auf jeden Fall Mitglied in Ihrer Branchengruppe und der offiziellen regionalen XING-Gruppe. So erfahren Sie per XING-Einladung von den Gruppen-Events und haben die Chance, sich offen mit Kollegen aus Ihrer Branche auszutauschen und neue Kontakte aus Ihrer Region kennenzulernen.

• •

Im Menü „Gruppen" öffnet sich durch einen Klick auf „Gruppen finden" eine Übersicht über die vorhandenen Kategorien. In einigen finden Sie hunderte einzelner Gruppen. Wenn Sie noch gar keine Idee haben, welche für Sie überhaupt interessant sein könnte, schauen Sie die Liste aus der Kategorie durch, die Sie am ehesten anspricht. Wissen Sie schon ein bisschen genauer, worauf Sie mit Ihrer Gruppenaktivität aus sind, ist es effektiver, auch hier die Suchfunktion zu nutzen. Oft ist das gewünschte Thema Bestandteil des Gruppennamens und Sie kommen schnell zu einem sinnvollen Ergebnis.

Ist das nicht der Fall, wählen Sie die Variante der Suche in Beiträgen. Damit können Sie sämtliche Beiträge nach Stichwörtern durchsuchen und so nicht nur Gruppen finden, die dazu passen, sondern auch solche, in denen über ein bestimmtes Thema zwar diskutiert wird, die sich aber sonst mit einem ganz anderen Bereich beschäftigen.

Diese Suche hilft auch, wenn Sie sich dazu entschieden haben, Ihr Expertenwissen zu einem bestimmten Thema einzubringen. Suchen Sie immer wieder einmal nach den infrage kommenden Begriffen. Werden Sie fündig, können Sie sich an Diskussionen in den verschiedensten Gruppen beteiligen.

Eine weitere gute Möglichkeit, interessante Gruppen zu finden, bieten die Profile Ihrer Kontakte oder anderer Mitglieder im XING-Netzwerk. Dort sehen Sie unter „Persönliches" eine Übersicht der Gruppen, in denen eine Mitgliedschaft besteht, sofern diese Anzeige vom Mitglied nicht deaktiviert wurde und das Mitglied überhaupt in einer Gruppe vertreten ist. Wenn Sie sich die Gruppennamen anzeigen lassen wollen, bewegen Sie den Cursor über eines der kleinen Gruppenlogos. Etwas verzögert öffnet sich ein kleines Feld, darin wird der Gruppenname angezeigt.

● ●

IM GESPRÄCH

Marc Häusgen, Vertriebsleiter OKAL Haus GmbH, stellt sich vor: 1968 in Remscheid als Sohn eines Zimmermeisters geboren, bekam ich die Leidenschaft für den Holzbau in die Wiege gelegt. Kombiniert mit Selbstvertrauen, Optimismus sowie einem Talent für Kommunikation und den Umgang mit Menschen, war mir der Weg zur OKAL Haus Vertriebsleitung sicherlich vorbestimmt. Leidenschaft ist fester Bestandteil meines Privat- und Geschäftslebens.

Seit wann sind Sie Mitglied bei XING?
Ich habe mich am 18.11.2006 angemeldet.

Wie nutzen Sie XING für Ihre tägliche Arbeit?
XING bietet mir oft die Chance, mir vor Terminen einen ersten Eindruck zu verschaffen. So kann ich gezielt Informationen finden und mich eventuell sogar schon austauschen.

Sind Sie in XING-Gruppen aktiv?

Die Anzahl, der Gruppen, in denen ich mich bewege, ist mit der Zeit gestiegen. Hier bekomme ich schnelle Tipps und Informationen zu Fachgebieten und zu Herangehensweisen. Hinzu kommen Anregungen, Sachverhalte aus einem anderen Blickwinkel zu betrachten. Meine Tipps: Die Gruppen „Querdenker" sowie „simplify".

Wie wichtig erscheint Ihnen das Portfolio in Ihrem Profil?

Ich habe mich erst in den letzten Wochen intensiver mit meinem Portfolio beschäftigt. Sicherlich geht es vielen XING Nutzern wie mir: Die Vorteile des Portfolios werden einfach unterschätzt. Dabei lässt sich mit geringem Aufwand eine hohe Wirkung erzielen. Das Beste daran ist, dass keine Programmierungskenntnisse erforderlich sind. Unkompliziert kann ich bis zu 30 Bilder oder PDFs uploaden. Durch die Möglichkeit, einzelne Bilder mit Überschriften, Fettschriften oder Links zu versehen, können viele Informationen auf wenig Raum untergebracht werden. Einfach die Beschreibung beachten und schon geht es los.

So habe ich einige Referenzen eingebunden, die auf der eigentlichen Referenzseite untergegangen wären. Achtung: Zuletzt noch unter den Profileinstellungen den Hacken bei „Das Portfolio als Erstes anzeigen" setzen und das ganze wird zur Landing Page.

Was ist der Kern Ihrer persönlichen XING-„Erfolgsstory"?

Ich halte es für einen Erfolg, über XING Persönlichkeiten entdeckt zu haben, die sich von meiner Begeisterung für meinen Beruf anstecken ließen und damit erfolgreich sind.

Gibt es eine Lieblingsfunktion in XING?

Die erweiterte Suche, denn wer suchet, der findet.

● ●

So gehen Sie vor, wenn Sie sich aktiv in Gruppen beteiligen wollen

In den meisten Gruppen im XING-Netzwerk dürfen nur Mitglieder Beiträge schreiben; wer in eine Gruppe aufgenommen wird, entscheiden die jeweiligen

Moderatoren. Da man in der Regel jedoch ohne Freischaltung mit nur einem Mausklick in einer Gruppe Mitglied werden kann, können Sie gleich durchstarten. Aber: Schreiben Sie nicht einfach drauflos. Angenommen, Sie wollen eine Fachfrage stellen. Prüfen Sie dann zunächst mit der Suchfunktion in den Beiträgen der Gruppe, ob diese Frage eventuell bereits beantwortet wurde. Geben Sie dazu einfach einen entsprechenden Fachbegriff bei der Suche in den Beiträgen ein. Falls Sie keine passende Antwort finden, verfassen Sie einen neuen Beitrag, in dem Sie Ihre Frage formulieren. Bevor Sie ihn veröffentlichen, wählen Sie noch aus den Foren in der gewählten Gruppe das passende aus. Die einzelnen Foren innerhalb einer Gruppe werden von den Moderatoren angelegt.

Das erste Forum ist häufig eine „Vorstellungsrunde". Hier haben Sie als neues Mitglied die Möglichkeit, sich kurz zu präsentieren und zu erklären, was Sie sich von der Mitgliedschaft erhoffen. Nicht jeder Leser wird gleich Ihr Profil studieren wollen; nennen Sie daher ruhig einige inhaltliche Bezugspunkte, die vielleicht neugierig machen.

Die weiteren Foren sind in der Regel thematisch geordnet. Sie haben die Wahl, ob Sie sich alle vorhandenen Beiträge oder nur diejenigen aus einem bestimmten Forum anzeigen lassen wollen. Ferner können Sie oben rechts über der Auflistung die Ansicht – „Kompakt" oder „Detail" – anpassen.

Hilfreich ist dabei übrigens auch die Sortierung der Beiträge, die Sie rechts oberhalb der Liste festlegen können: Wenn Sie die Diskussionen nach „Aktivste Beiträge zuerst" sortieren, finden Sie die aktiven ganz oben. Alternativ können Sie „Neueste Beiträge zuerst" wählen, dann werden die Beiträge chronologisch nach dem Entstehungsdatum der Diskussion angezeigt.

Oberhalb der vorhandenen Beiträge finden Sie die Funktion „Schreiben Sie einen Beitrag". So können Sie eine neue Diskussion beginnen. Klicken Sie in das Feld darunter, öffnet sich ein Textfeld, in das Sie Ihren Beitrag einfügen. Achten Sie darauf, dass Sie bereits in der Titelzeile klar definieren, worum es Ihnen geht. Wenn Sie keine konkreten Informationen einholen, sondern eine Diskussion anregen oder Gleichgesinnte finden wollen, besteht Ihr Ziel darin, die Neugier der Leser zu wecken, zum Beispiel mit einer interessanten Formulierung im Titel. Dadurch erhöhen Sie die Zahl der Klicks auf Ihren Beitrag und zugleich die Chance, eine befriedigende Antwort zu erhalten. Wie Sie eine eindeutige Titelzeile formulieren, zeigen Ihnen die folgenden zwei Beispiele.

Nehmen wir an, Sie haben ein Problem mit Ihrem Windows-Rechner und suchen nach Hilfe. Bei Ihrer Recherche stoßen Sie auf die Gruppe „PC Hilfe und Support" und hier auf das Unterforum „Windows Probleme". Um Antworten auf Ihre Fragen zu bekommen, schreiben Sie einen neuen Beitrag und stellen ihn ein. Als Titelzeile wäre in einem solchen Fall die Formulierung „Problem mit Windows" vorstellbar. Doch da Sie sich bereits im Unterforum zu ebendiesem Thema befinden, ist sie für den potenziellen Helfer nicht sehr aussagekräftig. Beschreiben Sie Ihr Problem schon an dieser Stelle, indem Sie eine konkrete Frage stellen, zum Beispiel: „Wie kann ich ein Programm minimiert starten?" So werden nur diejenigen Leser im Forum sich mit Ihrem Artikel genauer befassen, die Ihre Frage beantworten können oder die später einmal vor dem gleichen Problem stehen und sich ebenfalls für die Lösung interessieren.

Auch das zweite Beispiel zeigt deutlich, worum es geht: In der Gruppe „XING Live Hamburg" wurde einmal eine Diskussion im Forum Kontroverses und Smalltalk mit dem Titel „Wie viel Mühe kostet ein Kuss?" gestartet. Im Zusammenhang mit dieser Diskussion gab es innerhalb kürzester Zeit ungefähr 4.000 Aufrufe und mehr als 100 Antworten. Dieses Beispiel zeigt sehr deutlich, was ein gut gewählter Titel bewirken kann. In dem Beitrag selbst ging es um Wohnkosmetik und die entsprechende Dienstleistung, die von der Artikelschreiberin Constanze Köpp angeboten wird. Sie hat es jedoch ausgesprochen gut verstanden, mit dem Titel und dem Text eine Diskussion anzuregen. Immer wieder wurde geantwortet und der Beitrag mit dem neugierig machenden Titel tauchte ständig im Beitragsticker der Gruppe auf – was natürlich noch mehr Leser und Diskussionsteilnehmer anlockte.

Und auch für Sie gilt: Lassen Sie in Ihren Beitrag möglichst so viele Informationen einfließen, dass jeder Leser etwas mit dem Geschriebenen anfangen kann. Formulieren Sie klar und eindeutig, sodass Rückfragen unnötig sind, denn damit sparen Sie sich und anderen unnötigen Aufwand. Nehmen Sie sich für das Verfassen Ihres Beitrags also ausreichend Zeit. Bevor Sie ihn absenden können, müssen Sie noch das passende Forum auswählen. Sofern Sie ein zum Beitrag passendes oder erklärendes Bild haben, können Sie dieses ebenfalls auswählen und zu Ihrem Beitrag hinzufügen.

Falls Sie in Ihren Beitrag eine URL einfügen, erscheint diese automatisch unter dem Beitrag als Linkempfehlung. Wenn Sie das nicht möchten, löschen Sie diese Linkempfehlung vor dem Absenden des Beitrags einfach wieder.

Sobald es Kommentare zu Ihrem Beitrag gibt, werden Sie darüber per E-Mail informiert. Zusätzlich zeigt sich oben links in der XING-Leiste unter „Reaktionen auf Ihre Aktivitäten" ein entsprechender Eintrag. So müssen Sie nicht ständig überprüfen, ob schon jemand etwas zu Ihrem Beitrag geschrieben hat, und können sofort reagieren und sich zum Beispiel bedanken oder genauer nachfragen, wenn etwas unklar geblieben ist. Wenn Sie sich regelmäßig bei XING aufhalten, empfiehlt es sich, die E-Mail-Benachrichtigungen unter „Einstellungen", „Benachrichtigungen" abzuschalten.

Wie Sie Ihre Beiträge ändern oder löschen

Rechts oberhalb Ihrer eigenen Beiträge erscheint ein kleiner Optionspfeil, sobald Sie mit der Maus auf einen davon zeigen. Über diesen haben Sie jederzeit Zugriff auf die Möglichkeit, Ihre Beiträge und Kommentare zu bearbeiten oder zu löschen.

Bedenken Sie dabei, dass sich der Sinn einer Diskussion durch Ihre Anpassung verändern kann. Es empfiehlt sich daher, dass Sie bei inhaltlichen Änderungen dazuschreiben, was Sie an Ihrem Beitrag verändert haben. Unter Umständen ist es auch sinnvoll, einen Kommentar mit dem Vermerk zu versehen, dass er gelöscht wurde, den Text aber stehen zu lassen. Dies gilt vor allem dann, wenn sich andere Kommentare auf genau diesen Kommentar beziehen.

Die E-Mail Benachrichtigung: regelmäßige Information über neue Beiträge

Auch wenn Sie selbst keine Beiträge einstellen, werden Sie automatisch über neue Inhalte in den von Ihnen gewählten Gruppen informiert.

Hier haben Sie die Wahl, ob Sie über alle neuen Beiträge einer Gruppe oder nur über Moderator-Infos per E-Mail benachrichtigt werden möchten. Dies legen Sie unter „Einstellungen", „Benachrichtigungen" fest.

Die Moderator-Info

Moderatoren können in Ihren eigenen Beiträgen einen Haken setzen und sie damit als „Moderator-Info" kennzeichnen. So sorgen sie dafür, dass dies in der Beitragsübersicht erkennbar wird, zudem werden diese Beiträge über einen eigenen Versandkanal verschickt. Es empfiehlt sich den Empfang der Moderator-Info zunächst zuzulassen. Warten Sie ab, was vom Moderator gesondert versendet wird, und entscheiden Sie erst dann, ob Sie auf diese Informationen verzichten wollen. Für den Gruppenmoderator ist es die einzige Chance mit den Mitgliedern zu kommunizieren, zum Beispiel um ein wichtiges Gruppenthema zu verbreiten.

Achten Sie als Moderator einer Gruppe daher darauf, dass Sie nur solche Beiträge markieren, die wirklich wichtig sind. Sonst besteht Sie Gefahr, dass die Mitglieder die Benachrichtigungen abschalten und Sie mit Ihrer Extra-Info niemanden mehr erreichen.

Das Internet vergisst nicht!

Achten Sie beim Schreiben Ihrer Beiträge darauf, dass Sie niemanden diskriminieren, persönlich angreifen und keine falschen Anschuldigungen aussprechen. Ständiges Nörgeln und Beschwerden in allen Beiträgen fallen ebenfalls eher negativ auf. Bedenken Sie, dass im Internet nichts verlorengeht und Informationen jahrelang gespeichert bleiben. Artikel, die während der Anfangszeiten des Internets geschrieben wurden, sind noch heute abrufbar. Im Unterschied zu anderen Diskussionsforen sind bei XING zudem alle Beiträge mit Ihrer Person verknüpft. Dieses Wissen machen sich beispielsweise Personalberater zunutze. Sie recherchieren im Internet, welche Informationen über neue Bewerber vorhanden sind. Und wer will schon jemanden einstellen, der zum Beispiel alles nur schlechtmacht oder in der Öffentlichkeit Kollegen verleumdet?

Wir wollen deshalb unseren bereits weiter oben gegebenen Hinweis noch einmal in verschärfter Form wiederholen: Überlegen Sie bei allem, was Sie öffentlich in den Gruppen und im Internet schreiben, sehr gut, was Sie tun. Würden Sie den gleichen Text auch auf eine riesengroße Plakatwand schreiben, die für alle sichtbar an einer stark befahrenen Straße in Ihrem Heimatort aufgestellt ist? Natürlich wären die Buchstaben so groß, dass der Text schon aus 500 Metern Entfernung gut lesbar wäre, und darunter stünde in derselben Größe Ihr voller Name. Auch ein aktuelles Foto würde nicht fehlen. Diese Plakatwand würde übrigens nie überklebt und stünde dort auch noch, wenn die Straße schon längst nicht mehr befahren würde. Wenn Sie bei dieser Vorstellung zögern und zweifeln, formulieren Sie Ihren Beitrag besser neu oder verwerfen den Text ganz.

Achten Sie auf den Datenschutz

Der Moderator entscheidet, ob die Beiträge in einem Forum auch außerhalb von XING aufrufbar sind. Die von ihm gewählte Einstellung hierzu finden Sie auf der „Über-diese-Gruppe"-Seite beim Eintrag „Sichtbarkeit". Ist hier „offen" eingetragen, können die Beiträge der Gruppe auch von Suchmaschinen durchsucht werden. Die Ergebnisse sind dann öffentlich im Internet zu sehen. Denken Sie in diesem Fall unbedingt an den Datenschutz und achten Sie darauf, dass keine persönlichen Daten oder Kontaktdaten von Personen, von denen Sie keine Zustimmung dazu haben, in Ihren Artikeln enthalten sind.

Machen Sie sich auch klar, dass laut AGB von XING persönliche Nachrichten nicht einmal auszugsweise und schon gar nicht komplett in Beiträge für eine öffentliche Gruppe kopiert werden dürfen. Diese Regel dient nicht nur dem Datenschutz, sondern auch dem Schutz der Privatsphäre. Bedenken Sie zudem, dass eine Gruppe jederzeit vom Moderator geöffnet werden könnte, ohne dass Sie darüber automatisch benachrichtigt werden. So wird alles sichtbar, was geschrieben wurde, selbst wenn er nur einen Fehler bei den Einstellungen zur Gruppe gemacht hat.

Wie Sie eine eigene Gruppe gründen

Mit einer XING-Gruppe lässt sich eine eigene Community professionell aufbauen, verwalten und weiterentwickeln. Sie schaffen damit ein individuelles Netzwerk, das Teil des großen, globalen XING-Mitgliedernetzwerks ist. Damit erhöhen Sie auf effizientem Weg die eigene Präsenz bei Ihrer Zielgruppe. So moderiert der Hamburger Michael Grunenberg die offizielle XING-Gruppe der Controller mit über 20.000 Mitgliedern.

Übrigens entstehen durch eine Gruppengründung keinerlei Kosten. Prüfen Sie zunächst, ob Ihr Thema bereits in einer Gruppe behandelt wird. Doch selbst wenn das der Fall ist, steht es Ihnen frei, eine weitere Gruppe zu eröffnen. Überlegen Sie, welche Vorgehensweise sinnvoller für Sie ist. Wollen Sie sich an der bestehenden Gruppe beteiligen und davon profitieren, dass sie bereits viele interessierte Mitglieder hat? Oder wollen Sie selbst als Gruppenmoderator aktiv werden und die damit verbundene Arbeit auf sich nehmen?

Bedenken Sie, dass die Moderation einer Gruppe je nach Mitgliederzahl eine ganze Menge Zeit kostet, vor allem zu Anfang muss die Gruppe erst einmal bekanntgemacht werden. Verfügen Sie bereits über ein eigenes Netzwerk, aus dem viele Kontakte als Gruppenmitglieder infrage kommen, ist es sicherlich viel leichter durchzustarten, als wenn Sie erst neue Mitglieder aus dem XING-Netzwerk ansprechen müssen. Auch wenn Sie sich mit einem spannenden Thema wie Internet-Marketing oder Projektmanagement befassen, das viele XING-Mitglieder anspricht, werden sich bestimmt schneller neue Mitglieder finden lassen, als wenn es um sehr spezielle Themen wie Kunststoffspritzguss oder Fahrzeugbau gehen soll. Und auch wenn die Mitglieder in der Gruppe miteinander diskutieren, sind Sie als Moderator weiterhin gefordert. Sie müssen bei Streitigkeiten eingreifen und darauf achten, dass die Forenregeln und der Code of Conduct für Moderatoren eingehalten werden. Außerdem sind Sie dafür zuständig, Ihre Gruppe thematisch in der Spur zu halten, damit sie kein Tummelplatz für alle möglichen Diskussionen und Themen wird.

Nicht zugelassen sind Gruppen zu politischen, religiösen und pornografischen Themen sowie zu Themen, die gegen geltendes Recht verstoßen. Ebenso werden solche Anträge grundsätzlich abgelehnt, die der Verbreitung von Multilevel-Marketing (MLM) dienen.

Gut zu wissen

VERSCHAFFEN SIE SICH EINEN ÜBERBLICK

Wenn Sie selbst eine Gruppe aufmachen wollen, schauen Sie sich beispielsweise in der von dem Autor Andreas Lutz moderierten Gruppe „Gründer & Selbstständige" um. Sie gehört zu den größten XPert-Gruppen auf XING und Sie können hier schnell einen Überblick gewinnen, wie erfolgreiche Gruppen aufgebaut sind und welche Funktionen sie bieten.

„Code of Conduct" für Moderatoren

Wer eine Gruppe leiten möchte, erklärt sich schon bei der Antragstellung dazu bereit, den Code of Conduct zu beachten. Darin sind die Verhaltensregeln für XING-Moderatoren detailliert aufgeführt. Sie stellen eine verbindliche Vereinbarung zwischen XING und dem Moderator dar und sollen dazu führen, dass die Mitglieder bei XING verantwortungs- und respektvoll miteinander umgehen. Eine Missachtung der Richtlinien kann dazu führen, dass einer Person die Moderationsrechte entzogen werden oder dass sie aus dem Netzwerk ausgeschlossen wird. Solche Fälle hat es in der Vergangenheit schon gegeben, wenn ein Moderator sich beispielsweise nicht mehr um seine Gruppe gekümmert hat, Anfragen der Mitglieder dauerhaft unbeantwortet blieben oder die Moderator-Info stetig für Eigenwerbung missbraucht wurde.

Unter anderem ist im Code of Conduct festgelegt, dass Moderatoren dafür zu sorgen haben, dass eine Gruppe aktiv ist, und dass sie sich mit Eigenwerbung zurückhalten sollen. Die meisten Bestimmungen beziehen sich jedoch auf den korrekten Umgang der Moderatoren mit den Gruppenmitgliedern, damit gerade Neulinge eine klare Richtlinie an die Hand bekommen. Der komplette Code of Conduct ist im Hilfe-Bereich von XING abrufbar.

So erstellen Sie eine eigene Gruppe

Auf der Gruppenübersichtsseite haben Sie die Möglichkeit, eine neue Gruppe zu erstellen. Um das Antragsformular aufzurufen, klicken Sie auf „Neue Gruppe erstellen". Geben Sie dann an, ob Sie eine offene oder eine geschlossene Gruppe gründen möchten. Wenn Sie eine geschlossene Gruppe in Erwägung ziehen, bedenken Sie unbedingt, dass diese Auswahl nachträglich nicht mehr geändert werden kann. Tragen Sie nun noch den gewünschten Namen und eine Kurzbeschreibung der Gruppe ein und bestätigen Sie die „Verhaltensregeln für XING-Moderatoren".

Nachdem Sie auf „Neue Gruppe erstellen" geklickt haben, wird Ihr Eintrag vom XING Community-Management gesichtet und freigeschaltet. Sie erhalten automatisch eine E-Mail, sobald Ihre Gruppe genutzt werden kann.

In der Gruppe „XING Community" finden Sie ein spezielles Forum für Moderatoren. Hier können Sie erfahrene Kollegen um Rat bitten und Verbesserungsvorschläge an XING richten. Auch für diese Gruppe gilt: Prüfen

Sie, ob ein Thema nicht schon ausführlich behandelt wurde, bevor Sie Ihren Beitrag losschicken.

Gruppe einrichten

Bevor Sie damit beginnen, Mitglieder einzuladen, sollten Sie die verschiedenen Einstellungen zu Ihrer Gruppe festlegen. Details dazu finden Sie im Hilfebereich von XING unter „Gruppen", „Hilfe für Moderatoren", zudem in dem Hilfe-Video von XING, das Sie über bit.ly/XING-Gruppe-einrichten abrufen können.

Tipp

MITGLIEDER EINER XING-GRUPPE ZU EINEM TERMIN EINLADEN

Wenn Sie als Moderator einen Termin planen, können Sie alle Gruppenmitglieder oder einen Teil davon einladen. Wollen Sie später weitere Gäste hinzunehmen, zum Beispiel um auch neue Mitglieder zu berücksichtigen, wird automatisch geprüft, wer die Einladung bereits erhalten hat. Nur die zur bereits vorhandenen Einladungsliste hinzugekommenen Kontakte werden angeschrieben. Unabhängig davon ist auch eine Nachricht an alle Personen auf der Einladungsliste möglich, zum Beispiel wenn sich der Termin oder der Veranstaltungsort ändert. Gruppentermine werden übrigens auch auf Gruppenseite angezeigt. Zudem können Sie sie im Rahmen Ihrer Moderator-Info erwähnen. Zum Thema „Veranstaltungsorganisation" erfahren Sie gleich mehr.

Kapitel 10:

Events:
So verwalten Sie
Veranstaltungen und
Termine

Im Bereich „Events" bei XING können Sie öffentliche oder private
Veranstaltungen und Treffen ankündigen, Anmeldungen anneh-
men oder ablehnen und Termine mit Kontakten inner- und außerhalb von XING organisieren. Hilfreiches Instrument ist dabei die
Einladungsliste. Wie Sie diese Funktionen nutzen, erfahren Sie
jetzt.

Sie können an einem Event entweder als Gast teilnehmen oder ihn selbst organisieren. Bei zehntausenden im XING-Netzwerk eingetragenen Events in Kategorien wie Vorträge und Seminare, Freizeit und Sport oder Networking-Veranstaltungen und offizielle XING-Events gibt es bestimmt einige, die auch für Sie interessant sind. Oder Sie veranstalten selbst Seminare, Kunst- und Kulturevents, Kongresse oder Firmenpräsentationen? Dann nutzen Sie die Funktionen bei XING, um Ihre Kontakte hierzu einzuladen und im XING-Netzwerk auf Ihre Events aufmerksam zu machen.

Wie Sie Veranstaltungen finden und sich dazu anmelden

Unter „Events", „Übersicht" listet XING verschiedene Veranstaltungsempfehlungen auf. So sehen Sie zum Beispiel Events, zu denen Ihre Kontakte gehen oder die zu Ihrem Profil passen. Diese Listen werden automatisch nach Übereinstimmungen zwischen dem Inhalt der Eventbeschreibung und den Stichworten eines Events sowie den Feldern „Ich suche", „Ich biete" und „Interessen" Ihres XING-Profils durchsucht.

Wollen Sie gezielt passende Events aufspüren, nutzen Sie am besten die erweiterte Suchfunktion im oberen Bereich. Klicken Sie auf „Erweiterte Suche", um nach unterschiedlichsten Kriterien zu filtern. Prüfen Sie doch gleich einmal, ob es für Sie interessante Seminare und Vorträge gibt. Wählen Sie die entsprechende Kategorie aus, grenzen Sie die Suche am besten zusätzlich auf Ihre Region ein und schauen Sie, welche Events in Ihrer Nähe angeboten werden. Wenn Sie nach einem speziellen Inhalt suchen, nutzen Sie das Suchfeld. Wenn Sie hier zum Beispiel das Wort „Akquise" eingeben, finden Sie alle Events, die damit etwas zu tun haben. Ihr eingegebener Begriff wird nicht nur in den Titeln der Events, sondern auch in den beschreibenden Texten gesucht. Suchen Sie nach Teilwörtern, indem Sie ein Sternchen (*) benutzen. Mit „Bewerb*" im Feld „Stichwörter" finden Sie unter anderem Bewerbertag, Bewerber-Workshop und Bewerbungsstrategien. Sie können auch Treffer ausschließen, indem Sie einem Suchbegriff ein Minuszeichen voranstellen. „-Frankfurt" schließt Events aus, die in Frankfurt stattfinden.

Wenn Sie in mehreren Städten suchen wollen, trennen Sie die Einträge jeweils mit „OR". Falls in Ihrer Stadt keine Events angezeigt werden, können Sie auch die ersten Ziffern der Postleitzahl gefolgt von einem „*" (Sternchen) eintragen, um die Suche auf die gesamte Region zu erweitern. Werden nach diesem Durchlauf zu viele Termine angezeigt, schränken Sie die Auswahl über die Kategorie oder einen Datumsbereich ein.

Und wenn Sie wissen wollen, welche Events von Ihren Kontakten besucht oder veranstaltet werden, besuchen Sie die stets aktuelle Liste auf der Eventübersichtsseite.

So melden Sie sich zu einem Event an

Die Übersichtsliste über die Events enthält Titel, Datum und Ort. Mit einem Klick auf den Titel öffnen Sie die Seite zum Event. Ein Klick auf den Veranstalter des Events führt Sie direkt auf das Profil des betreffenden Mitglieds.

Haben Sie einen interessanten Event gefunden, lesen Sie zunächst die Beschreibung dazu genau durch. Beachten Sie, dass es vom jeweiligen Veranstalter abhängt, ob ein einfaches „Ja" als Zusage ausreicht oder ob weitere Schritte für eine verbindliche Anmeldung notwendig sind. Bei kostenpflichtigen Events mit einem integrierten Ticketkauf müssen Sie erst das Ticket kaufen, bevor Sie auf der Gästeliste eingetragen werden. Auf diese Weise gewinnen die Veranstalter mehr Planungssicherheit. Stellen Sie sich vor, Sie würden ein Netzwerk-Dinner vorbereiten und müssten im Restaurant vorab Bescheid sagen, wie viele Essen benötigt werden – und zwar sicher. Die Veranstalter nehmen oft große Mühe auf sich, um solche Events zu organisieren. Unterstützen Sie sie, indem Sie verlässliche Angaben über Ihr Erscheinen machen.

Haben Sie sich zu Events im XING-Netzwerk angemeldet, finden Sie die entsprechenden Daten und Termine stets unter „Events", „Ihre Events". So behalten Sie Ihre Termine im Blick und ein Klick genügt, um weitere Details zu erfahren. Schauen Sie zum Beispiel vor dem Termin in der Gästeliste nach, wen Sie treffen können. Nehmen direkte Kontakte von Ihnen teil, werden diese als Erste in der Gästeliste aufgeführt. Zudem finden Sie diese Informationen auf der Übersichtsseite des Events.

Für Sie möglicherweise interessante Eventteilnehmer listet XING in der Gästeliste gesondert auf; sie haben Gemeinsamkeiten mit Ihnen oder sind besonders gut mit anderen Teilnehmern vernetzt. Warum Ihnen XING diese Personen vorschlägt, können Sie sehen, wenn Sie auf „Kontaktanlässe" klicken. Bei großen Events mit vielen Teilnehmern kann es sinnvoll sein, diese Kontakte schon vorab anzuschreiben und sich zu verabreden. So wissen Sie sicher, dass die betreffenden Personen beim Event dabei sind, und Sie sparen sich Zeit und Mühe, weil Sie nicht lange nach ihnen suchen müssen.

Beachten Sie bei Ihren Überlegungen, dass nicht die Gästelisten aller Events einsehbar sind. Darüber entscheidet allein der Veranstalter.

Gewusst wie: Geben Sie Ihre eigenen Events bekannt

Sie veranstalten Seminare, planen einen Tag der offenen Tür oder organisieren eine Hausmesse? Und wollen möglichst viele Interessenten mit Ihrer Terminankündigung erreichen? Dann nutzen Sie die Eventverwaltung auf XING und tragen Sie Ihre Veranstaltung hier ein. Im Menü „Events" finden Sie die Funktion „Event organisieren", die jedes Mitglied nutzen kann. Als Organisator können Sie zu Ihren Events Einladungen an Ihre direkten Kontakte versenden und eine ganze Reihe von Optionen einsetzen, die im Folgenden näher beschrieben werden.

Ein Gruppenmoderator kann zusätzlich seine Gruppenmitglieder einladen und bestimmen, ob ein Event nur für Gruppenmitglieder verfügbar ist oder ob auch Nicht-Gruppenmitglieder teilnehmen dürfen. Gruppen-Events werden zusätzlich auf der Startseite der jeweiligen Gruppe angezeigt. Sie können optional auch für die XING-Event-Suche freigegeben und für externe Suchmaschinen zugänglich gemacht werden.

Events mit Ticketverkauf organisieren

Für die Organisation und Verwaltung von Events mit Ticketverkauf hat die XING AG Ende 2010 die Firma Amiando gekauft, die heute als „XING EVENTS GmbH" firmiert. Seitdem wurden viele nützliche Funktionen auf der Plattform integriert. So können Veranstalter heute nicht nur Tickets verkaufen, sondern unter anderem Promotions mit Rabatten einrichten, individuell verschiedene Ticketkategorien anbieten und alle Möglichkeiten nutzen, die auch unter www.xing-events.de zur Verfügung stehen. So ist zum Beispiel gerade die integrierte Einlasskontrolle bei größeren Events ein echter Komfortgewinn. Die Abrechnung der Tickets läuft für Sie als Veranstalter bequem über die XING-EVENTS GmbH. Nach dem Event bekommen Sie eine Endabrechnung und Ihnen werden die eingenommenen Gelder abzüglich einer Gebühr für den Ticketservice ausgezahlt.

Event anlegen

Einen neuen Event anzulegen ist sehr einfach und bequem, denn dafür steht ein Formular zur Verfügung, das alle notwenigen Optionen abfragt. Formulieren Sie in jedem Fall einen aussagekräftigen Titel für Ihren Event und geben Sie eine ausführliche Beschreibung Ihrer Veranstaltung ein, ansonsten wird sich angesichts des bei XING bestehenden Wettbewerbs kaum jemand anmelden. Schließlich wollen die Interessenten wissen, warum sie gerade Ihre Veranstaltung besuchen sollen und was genau sie erwartet. Mit einer gründlichen Vorarbeit vermeiden Sie zudem Rückfragen. Informieren Sie in der Beschreibung daher je nach Veranstaltung über die Inhalte, die Dauer und die Kosten. Teilen Sie mit, wie ein Event oder eine Veranstaltung ablaufen wird, und veröffentlichen Sie einen Zeitplan mit den Programmpunkten, falls möglich.

Geht es um eine Abendveranstaltung, sprechen Sie am besten auch den Dresscode an. Beschreiben Sie die Location, um die Teilnehmer neugierig zu machen. Bei einem Seminar sind außerdem die Modalitäten für die Stornierung und die maximale Teilnehmerzahl wichtig. Falls sich die Teilnehmer zusätzlich über eine bestimmte Internetseite oder per E-Mail anmelden oder Vorkasse leisten müssen, sollten Sie das gleich am Textanfang vermerken.

So manches XING-Mitglied liest die Eventbeschreibungen nur oberflächlich, bestätigt leichtfertig die Teilnahme und glaubt, damit alles Nötige getan zu haben. Besser ist es, in solchen Fällen den integrierten Ticketverkauf von XING zu nutzen, denn dann kann es keine Zusagen von Mitgliedern geben, die dann später nichts von den Kosten gewusst haben wollen.

Zudem ist der Eintrag in eine Gästeliste beziehungsweise eine Zusage nur über XING rechtlich nicht bindend. Sie können von einem Mitglied, das trotz Anmeldung nicht zum Event erscheint, also nicht verlangen, dass es die Teilnahmegebühr nachträglich bezahlt. Genau deshalb ist es bei kostenpflichtigen Veranstaltungen durchaus üblich, dass die Gebühr vorab überwiesen werden muss.

Geben Sie jeweils auch Terminbeginn und -ende an, dabei hilft eine praktische Kalenderansicht, die sich automatisch beim Klick in das jeweilige Feld öffnet. Wählen Sie hier die gewünschten Daten per Mausklick aus. Um den Teilnehmern die Anreise so leicht wie möglich zu machen, tragen Sie alle gewünschten Angaben im Bereich „Veranstaltungsort" ein. Nur dann funktioniert später die Standortanzeige im Event. Weitere Hinweise zur Anreise, zum Beispiel Links auf Wegbeschreibungen im Internet, Angaben zu den öffentlichen Verkehrsmitteln oder zur Parkplatzsituation, tragen Sie am besten ganz zum Schluss der Eventinformationen in das Beschreibungsfeld ein.

Wenn Sie einen Anmeldeschluss oder eine maximale Anzahl von Teilnehmern beziehungsweise kaufbaren Tickets angeben, bewirkt dies, dass sich niemand mehr anmelden kann, wenn eine solche zeitliche oder mengenmäßige Grenze erreicht ist. Da ist es hilfreich, dass Sie als Veranstalter bei kostenlosen Events jederzeit den Teilnahmestatus der eingetragenen Personen in der Gästeliste ändern können. Dies kann beispielsweise sinnvoll sein, wenn sich ein Teilnehmer nach dem Anmeldeschluss bei Ihnen abmeldet und Sie den freien Platz einem anderen Interessierten geben möchten. Diejenigen, die zugesagt haben, können nach dem Anmeldeschluss die Angaben in der Liste nicht mehr selbst ändern.

Tipp

●●●

EXTRATICKETS FÜR VIPS UND HELFER

Bei Events mit Ticketverkauf empfiehlt es sich, für VIP-Gäste oder das Orgateam einen PromotionCode oder eine spezielle Ticketkategorie einzurichten, damit diese Teilnehmer ohne echten Ticketkauf auf der Gästeliste erscheinen können.

●●●

Wenn Sie als Veranstalter die Option „Begleitperson" wählen, dürfen die Teilnehmer Gäste mitbringen. In diesem Fall erscheint ein zusätzliches Feld für den Namen des zusätzlichen Gastes. In der Gästeliste ist der Eintrag bei dem Mitglied zu finden, das den Gast mitbringt. Diese Option ist immer dann sinnvoll, wenn es aufgrund der Veranstaltung wahrscheinlich ist, dass zum Beispiel der Ehe- oder Lebenspartner mitgebracht wird. Da nicht immer davon auszugehen ist, dass er auch Mitglied im XING-Netzwerk ist, kann er an Ihrer Veranstaltung teilnehmen, obwohl er sich nicht selbst auf die Gästeliste setzen kann.

Je nach Art des Events sollten Sie die Gästeliste öffnen und damit anderen die Möglichkeit geben, sie einzusehen. Gerade bei Networking-Events ist es für die Teilnehmer gut zu wissen, wer anwesend sein wird, um eventuell schon vorab Verabredungen zu treffen. Hingegen kann es bei offenen Seminaren manchmal sinnvoller sein, die Gästeliste geschlossen zu halten. Versetzen Sie sich immer in die Lage des Betrachters Ihrer Events, wenn es um die Gästeliste geht. Auch die Privatsphäre kann bei Ihrer Entscheidung, ob Sie die Liste öffnen, eine Rolle spielen. Manch einer meldet sich bei einem öffentlich einsehbaren Event vielleicht nicht an, wenn es dabei um kritische oder schwierige Themen wie etwa Konfliktlösungen in der Partnerschaft geht.

Es lohnt sich außerdem, besonderes Augenmerk auf das Eventbild und das Eventbanner zu legen. Im Internet geht es darum, Aufmerksamkeit zu wecken, und das gelingt wesentlich besser mit passenden, emotionalen Bildern.

Wenn Sie unsicher sind, was genau in das Formular einzutragen ist, wenn Sie den Event anlegen, nutzen Sie die Informationen, die jeweils durch einen Klick auf das kleine „i" hinter der Feldbeschreibung sichtbar werden.

Mitglieder zum Event einladen

Nachdem Sie Ihren Event angelegt haben, können Sie Gäste einladen. Dabei besteht die Möglichkeit, dass Sie Ihre Kontakte nach verschiedenen Kriterien filtern und so auswählen, wem Sie eine Einladung senden wollen. Als Gruppenmoderator können Sie zusätzlich Mitglieder aus Ihren Gruppen einladen und auch dabei bestimmte Personen herausfiltern, die Sie in der Mitgliederverwaltung mit bestimmten Kategorien versehen haben.

Bevor Sie die ausgewählten Personen einladen, sollten Sie noch einen ansprechenden Text verfassen. Dieser wird den Mitgliedern in der Eventbenachrichtigung angezeigt und sollte daher die wichtigsten Informationen zu Ihrem Event enthalten. Viele Mitglieder nehmen sich nicht die Zeit, um die Eventbeschreibung zu lesen. Erhöhen Sie daher mit einem guten Einladungstext Ihre Chancen auf viele Teilnehmer.

JEDER BEKOMMT MAXIMAL EINE EINLADUNG

Sollten Sie beispielsweise direkte Kontakte haben, die ebenfalls Mitglied in einer Ihrer Gruppen sind, so stellt das System sicher, dass diese Person nur eine Einladungsnachricht bekommt. Gleiches gilt, wenn Sie als Moderator Ihre ganze Gruppe ein weiteres Mal komplett einladen. Dann erhalten lediglich die Mitglieder eine Einladung, die neu in der Gruppe sind und daher bisher noch keine bekommen hatten.

Sobald Sie die Einladungen versendet haben, bekommen alle ausgewählten Mitglieder eine Eventbenachrichtigung zugeschickt. Sie können die Funktion „Gäste einladen" übrigens jederzeit nutzen und immer wieder weitere Gäste zu Ihrem Event einladen.

Verbreiten Sie Ihren Event im XING-Netzwerk

Mit den folgenden Tipps sorgen Sie dafür, dass Ihre Events im XING-Netzwerk von möglichst vielen Mitgliedern wahrgenommen werden. Achten Sie aber darauf, wer Ihre Zielgruppe sein könnte, und richten Sie Ihre Aktivitäten entsprechend aus. Überlegen Sie immer, welcher Weg zu Ihnen und zu Ihrer Veranstaltung passt.

Geben Sie einen Eventhinweis in den passenden Gruppen

In vielen Gruppen gibt es Foren, in denen inhaltlich passende Events angekündigt werden dürfen. In der Gruppe „Existenzgründer & Selbstständige" können Sie zum Beispiel unter „TIPPS: Die besten Veranstaltungen für Gründer & Selbstständige" alle möglichen Veranstaltungen für diese Zielgruppe bekanntgeben. Achten Sie beim Schreiben Ihres Artikels darauf, dass Sie das Datum Ihres Events sowie das Thema gleich in die Betreffzeile schreiben. Das führt zu einer besseren Übersicht im Forum und zu mehr Klicks auf Ihren Artikel. Fügen Sie auch unbedingt einen direkten Link auf Ihren Event ein. Rufen Sie ihn dazu auf und kopieren Sie die Adresse oben aus der Adresszeile des Browserfensters. Der Link sollte dann die folgende Form haben: https://www.xing.com/events/eventtitel-1234567.

Achten Sie beim Kopieren Ihres Beitrags für weitere Gruppen darauf, dass die Adressen von Internetseiten in Nachrichten und Gruppenbeiträgen standardmäßig abgeschnitten werden. Fügen Sie also in kopierte Beiträge immer wieder den Originallink ein und testen Sie, ob er auch tatsächlich funktioniert.

Nutzen Sie Gruppennews

In vielen Gruppennews werden anstehende Veranstaltungen, die die Mitglieder interessieren könnten, bekanntgegeben. Fragen Sie beim betreffenden Moderator an, wann er die nächsten News herausgibt, und bitten Sie ihn darum, Ihren Event zu erwähnen, wenn er zur Gruppe passt. Falls Sie öfter Events einstellen wollen, fragen Sie am besten gleich nach, in welchen Abständen die News erscheinen. Dann können Sie dies schon bei Ihrer Planung berücksichtigen.

Setzen Sie Events auf Ihr Portfolio und Ihre Firmen-Homepage

Tragen Sie Ihre eigenen Events auch auf Ihrem Portfolio ein. Profilbesucher können Sie so auf Ihre Veranstaltung aufmerksam machen. Fügen Sie den Link zum Event auch hier in den Text ein. Darüber hinaus können Sie im Terminbereich Ihrer Firmen-Homepage zusätzlich auf Events im XING-Netzwerk verlinken.

Weisen Sie in Ihrer Signatur auf Ihre Events hin

Am Ende jeder Nachricht und jeder E-Mail steht in der Regel eine Signatur oder eine Grußformel. Erweitern Sie diese und weisen Sie auf Ihren nächsten Event hin – natürlich ebenfalls mit einem direkten Link. Nutzen Sie einen Textbausteingenerator wie PhraseExpress, um die Eventadresse auf unkomplizierte Weise einfügen zu können. Legen Sie in dem Programm eine Phrase mit Ort und Datum als Name und dem Link zum Event als Inhalt an. So können Sie den Link sehr schnell einfügen. Weitere Hinweise zur Arbeit mit PhraseExpress finden Sie in Kapitel 9. Wenn Sie nicht mit diesem Programm arbeiten, aber trotzdem schnell auf Ihre Eventseite zugreifen wollen, sollten Sie sie als Favoriten im Browser (als Lesezeichen bei Firefox) anlegen. Öffnen Sie dazu die entsprechende Seite und nehmen Sie sie in die Liste der Favoriten beziehungsweise der Lesezeichen auf.

Setzen Sie einen Co-Editor ein

In der Gästeliste können Sie als Eventanbieter bei jedem aufgeführten Mitglied auf die Veranstalter-Optionen klicken und dieses als „Als Co-Editor hinzufügen". Die betreffende Person kann dann auf die gleiche Funktionalität wie Sie als Ersteller des Events zugreifen. Damit ist es ihr möglich, eigene Kontakte zu Ihrem Event einzuladen. Beachten Sie jedoch, dass die anderen Funktionen ebenfalls freigeschaltet werden. Ein Co-Editor kann also auch den Event absagen oder verschieben oder eine Nachricht an alle Mitglieder auf der Gästeliste schreiben. Setzen Sie diese Funktion daher mit Bedacht ein und teilen Sie sie nur mit ausgewählten, vertrauenswürdigen Personen.

Behalten Sie die Einladungsliste im Auge

Kümmern Sie sich auch weiter um Ihren Event, wenn er einmal angelegt ist und die Einladungen verschickt sind – und zwar so lange, bis er stattgefunden hat. Prüfen Sie, wie viele Anmeldungen vorliegen, senden Sie Erinnerungen an die Gäste und kontrollieren Sie die Gästeliste auf mögliche Kommentare. Nur so sind Sie immer auf dem neuesten Stand und können aktiv werden, wenn zu wenige Anmeldungen eingehen.

Nachricht an Teilnehmer senden

Mit dieser Funktion können Sie allen Mitgliedern, die auf der Gästeliste zu Ihrem Event stehen, eine Nachricht senden. Nutzen Sie dabei die Möglichkeit, den Empfängerkreis einzuschränken, und schreiben Sie verschiedene Nachrichten an die Teilnehmer mit unterschiedlichem Status: „Ja", „Vielleicht" und „Unbeantwortet". Wenn Sie so vorgehen, können Sie interessierte, aber noch unschlüssige Teilnehmer gezielt auf weitere Vorteile der Veranstaltung hinweisen oder Teilnehmern, die sicher kommen, wichtige Details mitteilen. Jemand, der bereits abgesagt hat, möchte dagegen sicher nicht wissen, wo er am besten parken kann, wenn er am Veranstaltungsort ankommt. Um sogenannten Eventspam zu verhindern, hat die XING AG die Anzahl der Rundschreiben an die Teilnehmer auf maximal fünf beschränkt.

Events verschieben oder absagen

Ein Event kann nicht einfach gelöscht werden, Sie können ihn nur verschieben oder müssen ihn ganz absagen. In beiden Fällen erhalten die Mitglieder auf der Gästeliste die von Ihnen formulierte Nachricht über das Mailsystem von XING. Wenn ein Event nicht wie geplant stattfinden kann, erläutern Sie den Gästen den Grund dafür ausführlich und versenden Sie die Nachricht unbedingt einige Tage vor dem Termin. Nicht jedes Mitglied ist täglich online oder liest seine E-Mails. Falls Sie eine Veranstaltung absagen, weil sich zu wenige Teilnehmer angemeldet haben, rufen Sie die Gäste eventuell an, um Sie über weitere Termine oder Alternativen zu informieren.

Mit der Gästeliste arbeiten

Mit der Funktion „Gästeliste exportieren" können Sie die Namenslisten in andere Programme übertragen. So lassen sich relativ leicht Anwesenheitslisten oder Namensschilder ausdrucken. Übrigens empfiehlt es sich gerade bei größeren Events, Textiletiketten als Namensschilder zu verwenden. Dann benötigen Sie keine Namensschildhalter und weniger Platz, um die Namensschilder auszulegen. Die Bögen mit den Textiletiketten können zum Beispiel in alphabetischer Folge ausgedruckt und danach in einem Ringbuch abgeheftet werden.

Ist bei einem Event der Anmeldeschluss oder die maximale Teilnehmerzahl erreicht, können die Mitglieder selbst ihren Teilnahmestatus nicht mehr ändern. Als Ersteller des Termins haben Sie aber jederzeit die Möglichkeit, den Status einzelner Gäste abzuwandeln. Neue bestätigte Kontakte können Sie jederzeit über die Funktion „Weitere Gäste einladen" nachträglich zu Ihrem Event einladen und damit auf die Gästeliste setzen.

Kapitel 11

Unternehmen und Vorteilsprogramm

Unternehmen bietet sich in diesem Bereich die Chance, sich als Wunsch-Arbeitgeber zu präsentieren. Bewerber erhalten umfangreiche Informationen über Ihren Zielarbeitgeber. Mit dem „Vorteilsprogramm" erhalten Premium-Mitglieder zusätzliche geldwerte Vorteile durch Rabatte und Vergünstigungen bei Businessdienstleistungen.

Welche Arten von Unternehmensprofilen gibt es?

Unternehmen, Organisationen und Verbände werden im Bereich „Unternehmen" automatisch und kostenlos angezeigt. Dies schafft zusätzliche Transparenz im jeweiligen beruflichen Umfeld und verbessert die Kontaktmöglichkeiten auf der Plattform. Darüber hinaus werden Mitarbeiterübersichten und weitere Informationen, zum Beispiel zur Altersstruktur, zur Karrierestufe der bei XING zu findenden Mitarbeiter oder zur Dauer der Firmenzugehörigkeit, automatisch angezeigt. Die Unternehmensprofile basieren auf den Angaben der Mitglieder in ihren XING-Profilen. Es werden alle Organisationen dargestellt, von denen mindestens zwei Mitarbeiter bei XING angemeldet sind, die den gleichen Firmennamen eingetragen haben. Damit gibt XING den Unternehmen zahlreiche Möglichkeiten, sich auf der Plattform besser zu präsentieren.

Das „Gratisprofil"

Im kostenlosen Gratisprofil können Informationen zum Unternehmen, wie Adresse, Firmengröße und Branche eingetragen werden. Zusätzlich können Sie eine Unternehmensbeschreibung und das Firmenlogo hinterlegen. Sofern Sie auf XING Stellenangebote eingeben, werden diese ebenfalls in Ihrem Unternehmensprofil angezeigt.

Ferner steht Ihnen die Möglichkeit offen, Unternehmens-Neuigkeiten zu schreiben, die von anderen Mitgliedern abonniert werden können. Das ist ein Weg, um regelmäßig Informationen über Ihr Unternehmen zu verbreiten.

Falls Sie zu Ihrem Unternehmen noch keinen Eintrag finden, können Sie im Menü „Unternehmen" unter „Unternehmensprofil anlegen" einen solchen erstellen.

Für Profis: Das Employer Branding-Profil

Mit einem professionellen Employer Branding-Profil auf XING und kununu verschaffen Sie sich einen entscheidenden Wettbewerbsvorteil im Kampf um die besten Arbeitskräfte.

kununu, das Bewertungsportal für Arbeitgeber, wurde von der XING AG übernommen. Die Kombination und die Verschmelzung der beiden Plattformen bietet Arbeitgebern umfangreiche Funktionen, um sich als Top-Arbeitgeber zu präsentieren. Schauen Sie sich zum Beispiel die Unternehmensprofile von Jack Wolfskin, InnoGames, Griesson-de Beukelaer oder Siemens an. Diese Unternehmen nutzen die Möglichkeiten, die ein Employer Branding-Profil bietet, sehr umfangreich.

Machen Sie Ihr Unternehmen erlebbar und erzählen Sie mit Bildern, Videos und Texten, warum Ihre Mitarbeiter gern bei Ihnen arbeiten. Im Bereich „bestätigte Mitarbeitervorteile" können Sie zeigen, was Sie als Arbeitgeber auszeichnet. Ein solches Profil steigert Ihre Reichweite und Sichtbarkeit im Internet. Mit dem Employer Branding-Profil auf XING und kununu werden Sie auf beiden Plattformen noch besser gefunden – und darüber hinaus auch bei Google, Bing, Yahoo! etc.

Zusätzlich wird Ihr Unternehmen auf den XING- und kununu-Seiten der Mitbewerber ohne Employer Branding-Profil eingeblendet. So erhöht sich die Reichweite bei der Zielgruppe aus Ihrer Branche noch einmal.

In Hinblick auf die Bewertungen, die von der Plattform kununu auch auf XING eingeblendet werden, sollten Sie aktiv auf Ihre Mitarbeiter zugehen. Fordern Sie sie auf, eine Bewertung abzugeben. Dies kann schnell und einfach auf der Startseite von XING erfolgen, da rechts in der Seitenleiste jedem Mitglied das aktuelle und frühere Unternehmen zur Bewertung vorgeschlagen werden. Kommunizieren Sie dies an Ihre Mitarbeiter, um aktiv möglichst viele Bewertungen einzuholen.

Alle Funktionalitäten und die aktuell gültigen Preise finden Sie auf der Seite „Unternehmensprofil anlegen" im Menü „Unternehmen". Ferner können Sie hier weitere Informationen anfordern und sich von einem XING-Mitarbeiter persönlich beraten lassen.

Vorteilsprogramm

XING hat Ende 2013 das sogenannte „Neue Premium" veröffentlicht und wertet mit dem exklusiven Vorteilsprogramm die Premium-Mitgliedschaft zusätzlich auf. Die Mitglieder profitieren von vergünstigten und teilweise kostenlosen Angeboten, die von XING gemäß dem Unternehmensslogan

„Für eine bessere Arbeitswelt" ausgewählt werden. Hier einige Beispiele aus dem aktuellen Vorteilsprogramm:

→ DIE WELT im Web und per Smartphone lesen: Premium-Mitglieder erhalten das „DIGITAL Basis"-Angebot von DIE WELT ein Jahr lang kostenfrei. Das Abo endet automatisch.

→ Lernen & Weiterbilden: Premium-Mitglieder können bei Lecturio ausgewählte Online-Seminare aus den Bereichen Arbeitsleben und Karriere gratis nutzen.

→ XING Workspace – powered by DESIGN OFFICES: In den DESIGN OFFICES finden Sie unterwegs immer einen ruhigen Ort zum konzentrierten Arbeiten und Ihnen steht ein kostenloser Arbeitsplatz mit WLAN, Drucker (20 Seiten pro Besuch) und Freigetränk zur Verfügung.

→ Blinkist ein Jahr lang gratis nutzen: Hier finden Sie praktische Kurzfassungen der besten Sachbücher. Lesen Sie die wichtigsten Erkenntnisse und Lektionen aus Sachbuch-Bestsellern in kleinen Einheiten von 10 bis 15 Minuten – perfekt für zwischendurch.

Wie Sie das Vorteilsprogramm für Ihr Networking nutzen können

Jedes Angebot lässt sich weiterempfehlen. Wenn Sie also hier etwas entdecken, was für einen Kontakt oder auch für Ihr gesamtes Netzwerk interessant sein könnte, dann machen Sie doch einfach darauf aufmerksam. Ihre Kontakte sparen dank Ihrer Empfehlung unter Umständen Geld oder Zeit und Ihr Aufwand ist relativ gering.

Kapitel 12:

Welche Spielregeln gelten für das Networking bei XING?

Grundsätzlich gelten für erfolgreiches Networking immer dieselben Spielregeln – egal ob im Internet auf XING oder offline etwa bei einer Netzwerkveranstaltung. Doch was macht erfolgreiches Networking aus? In den folgenden zehn Abschnitten erfahren Sie, wie Sie zum erfolgreichen Netzwerker werden und welche Besonderheiten beim Networking via XING zu beachten sind.

Vermeiden Sie typische Missverständnisse zum Thema Networking

Viele Menschen verstehen Networking als Form des Verkaufens. Sie gehen zu einem XING-Treffen, um andere Leute kennenzulernen und ihnen ihre Produkte oder Dienstleistungen anzubieten, vielleicht auch sich selbst als Arbeitnehmer anzupreisen – und machen sich damit prompt unbeliebt. Machen Sie sich bewusst, dass Sie beim Networking auf unterschiedlichste Menschen treffen, und nur ein Bruchteil wird an Ihrer Leistung interessiert sein. Es bringt deshalb meist gar nichts, sofort ein Verkaufs- oder Bewerbungsgespräch zu beginnen – womöglich schlagen Sie Ihr Gegenüber gleich in die Flucht und bleiben in schlechter Erinnerung. Schlimmstenfalls beschweren sich Ihre Gesprächspartner bei anderen über Sie und Sie erreichen genau das Gegenteil von dem, was Sie eigentlich wollten.

Setzen Sie sich beim Networking niemals unter Erfolgsdruck. Nehmen Sie sich die Zeit, Ihren Gesprächspartner erst einmal kennenzulernen. Dazu gehört, dass Sie ihm Fragen stellen und sich auch für seine Antworten interessieren. Das heißt nicht, dass Sie nicht im geeigneten Moment selbstbewusst berichten sollten, was Sie beruflich tun. Ein derartiges Gespräch bietet eine hervorragende Chance, Selbstmarketing zu betreiben und den anderen neugierig auf Sie und Ihre Leistung zu machen. Ihr Ziel darf es aber nicht in erster Linie sein, dass er etwas von Ihnen kauft oder Ihnen einen Job anbietet, sondern dass er Sie in guter Erinnerung behält. Nur dann wird er sich bei Ihnen melden oder Sie weiterempfehlen, wenn er oder ein Bekannter den Bedarf hat, den Sie decken können.

Auch in solch einer Situation müssen Sie nicht in die Rolle des Verkäufers oder Bewerbers schlüpfen, denn es besteht bereits ein Vertrauensvorsprung zu Ihren Gunsten. Daher muss ein guter Netzwerker keine Kaltakquise betreiben und keine Initiativbewerbungen versenden. Kunden, Headhunter und Arbeitgeber kommen auf Empfehlung auf ihn zu, fast wie von selbst. Wenn Sie den Unterschied zwischen Networking und Verkaufen kennen, werden Sie in Zukunft deutlich entspannter zu Networking-Veranstaltungen gehen – und gerade deshalb sehr viel erfolgreicher sein.

Sie können XING allerdings auch direkt zum Verkaufen nutzen, einige der hierfür relevanten Techniken haben wir in diesem Buch erläutert: Die gezielte Suche nach potenziellen Kunden, die unkomplizierte Ansprache über eine interne Nachricht, die Umgehung von Gatekeepern – all das hilft Verkäufern weiter. Wer professionelles Direktmarketing betreiben möchte, wird bei XING ebenfalls viele Instrumente finden. Die Gruppen, die auch als Clubs zur Bindung alter und neuer Kunden genutzt werden können, die Newsletter und Termineinladungen bieten hier vielfältige Ansatzpunkte. Behalten Sie aber bei alldem im Auge, dass XING primär eine Networking-Plattform ist. Deshalb werden Sie erfolgreicher sein, wenn Sie die im Folgenden beschriebenen Tipps und Regeln beachten.

Sie haben sicher schon oft gehört und gelesen, dass Networking aus Geben und Nehmen besteht – oder wie wir gerne sagen: aus Geben und Bekommen. Das heißt nicht, dass Sie ein Beziehungskonto mit Soll und Haben führen sollten, auf dem Sie mental alles, was Sie von jemandem erhalten, und alles, was Sie ihm geben, verbuchen. Doch viele Menschen verstehen Networking auf diese Weise: Sie sammeln Punkte, um sie später gegen einen größeren Gefallen einzutauschen. Oder umgekehrt: Sie fühlen sich verpflichtet, weil jemand ihnen mehrfach geholfen hat.

In wirklich guten Netzwerken – so wie wir sie verstehen – entstehen keine Verpflichtungen, jede Leistung erfolgt freiwillig und ohne Druck. Das wiederum soll aber nicht heißen, dass ein Netzwerk ein Selbstbedienungsladen ist. Es wird genau registriert und spricht sich schnell herum, wie viel jemand gibt und wie viel er nimmt. Wer dem einen Netzwerkpartner einen Gefallen getan hat, kann auch einen ganz anderen um Unterstützung bitten und wird sie in der Regel erhalten. Wer zum Beispiel in einem Forum die Fragen anderer kompetent beantwortet oder regelmäßig mit seinen Bemerkungen für gute Stimmung sorgt, der wird als hilfsbereit wahrgenommen. Die anderen Gruppenmitglieder werden ein solches Mitglied besonders bereitwillig unterstützen und weiterempfehlen.

Früher sprach man häufig von „Vitamin B" und meinte damit, dass jemand etwas nicht aus eigener Kraft erreicht, sondern zum Beispiel weil die Eltern oder gute Freunde einen Entscheidungsträger kennen. Auch heute gibt es natürlich noch solche Beziehungen und gerade bei der Besetzung von

Toppositionen spielen sie eine wichtige Rolle. XING trägt zur Demokratisierung des Networkings bei, denn mit dieser und ähnlichen Networking-Plattformen ist es deutlich einfacher, die „richtigen Leute" kennenzulernen. Überzeugen Sie sie mit Ihrem Charakter und Ihren Leistungen oder lassen Sie sich durch gemeinsame Kontakte empfehlen, die Ihre Kompetenz bezeugen können.

Trennen Sie nicht künstlich zwischen geschäftlich und privat

XING ist eine Business-Plattform und die Suche nach Geschäftspartnern und Aufträgen, nach Mitarbeitern und Jobs ist ein wichtiges Motiv, warum viele Mitglieder für die Nutzung Zeit investieren. Immer wieder fällt auf, dass Mitglieder besonders aktiv werden, wenn sich ein beruflicher Wechsel anbahnt, sei es, weil sie sich auf Jobsuche begeben, sei es, dass im neuen Job andere Kontakte wichtig werden. Wer sich aber nur dann meldet, wenn er etwas Geschäftliches möchte, wird auf Dauer kaum erfolgreich sein. Er verzichtet zudem auf viele Vorteile, die nicht rein beruflicher Natur sind.

Fixieren Sie sich deshalb beim Networking nicht auf Aufträge, Jobs und Karriere, sondern setzen Sie sich zunächst ganz andere, näherliegende Ziele: Lernen Sie Menschen kennen, um Spaß zu haben, sich gut zu unterhalten, Freunde zu gewinnen oder um im eher beruflichen Bereich Wissen und Erfahrungen auszutauschen, sich gegenseitig zu unterstützen und erfolgreich zusammenzuarbeiten. Trennen Sie nicht allzu streng zwischen Berufs- und Privatleben. Verraten Sie etwas über Ihre Persönlichkeit, über Ihre privaten Interessen und Leidenschaften. Das lässt Sie menschlich und authentisch wirken und bietet zusätzliche Ansatzpunkte für eine Vernetzung. Sympathie entsteht durch Gemeinsamkeiten.

Bedenken Sie dies auch, wenn Sie Ihr Profil überarbeiten oder sich an der Vorstellungsrunde einer Gruppe beteiligen. Verstecken Sie sich also nicht hinter einer abstrakten Stellenbezeichnung und einem vielleicht eindrucksvollen, möglicherweise aber für viele Betrachter abweisenden Profil. Bieten Sie vielmehr bewusst Anknüpfungspunkte für Gespräche, indem Sie zum Beispiel sportliche Interessen, Ihre Hobbys oder bevorzugte Reiseziele eintragen.

Bei einem Networking-Treffen wären dies potenzielle Themen für den Smalltalk – bei XING ist es nicht anders. Natürlich ist es bei XING auch möglich, sehr schnell zur Sache zu kommen und ganz direkt zu fragen, was man vom anderen möchte. Angesichts der vielen Nachrichten, die hier ausgetauscht werden, ist es oft gar nicht erwünscht, dass lange um den heißen Brei herumgeredet wird. Bemühen Sie sich aber trotzdem darum, immer auch persönliches Interesse und Wertschätzung in den Austausch einfließen zu lassen.

Finden Sie die richtige Einstellung, um erfolgreich zu sein

Erfolgreiche Netzwerker haben immer wieder die Erfahrung gemacht, dass sich ihr Engagement für das Netzwerk früher oder später auszahlt. Das so entstandene Grundvertrauen macht sie zu sehr freigiebigen und offenen Menschen, denn sie sind überzeugt davon, dass sie alles, was sie geben, „mit Zinsen" zurückbekommen – wenn auch nicht unbedingt von der gleichen Person. Sie sind offen für alle Arten von Bekanntschaften, denn sie beurteilen andere Menschen nicht danach, ob sie als Auftrag- oder Arbeitgeber infrage kommen. Sie unterstellen jedem Menschen zunächst einmal, dass er interessant ist und über interessante Kontakte verfügt. Sie fragen nach, finden Gemeinsamkeiten und suchen nach Ansätzen, um anderen zu helfen.

Stellen Sie sich vor, jemand kommt derart unbefangen und hilfsbereit auf Sie zu. Im ersten Moment werden Sie vielleicht ein wenig misstrauisch reagieren: Hegt der andere irgendwelche Hintergedanken oder verfolgt er geheime Absichten? Sie werden sich vielleicht bei gemeinsamen Bekannten über ihn erkundigen. Doch wenn er ein guter Netzwerker ist und es ehrlich meint, wird er Sie sehr schnell für sich einnehmen und Sie werden wahrscheinlich gerne bereit sein, ihn weiterzuempfehlen oder bei Bedarf zu unterstützen.

Sie selbst können zu einem ebenso guten Netzwerker werden, wenn Sie sich auf das Netzwerken einlassen und langsam Vertrauen gewinnen, dass es funktioniert. Gehen Sie offen auf andere zu, suchen Sie nach ähnlichen Interessen und gemeinsamen Bekannten, hören Sie dem anderen zu und erzählen Sie selbstbewusst, was Sie zu bieten haben. Es hängt nicht allein von Ihrem

Gesprächspartner ab, wie eine Begegnung verläuft, sondern ganz wesentlich davon, wie Sie auf ihn zugehen. Geben Sie jedem Gesprächspartner einen Vertrauensvorschuss, die meisten Menschen verdienen das.

Extrovertierten Menschen fällt es bestimmt ganz leicht, auf andere zuzugehen, werden Sie vielleicht denken, wenn Sie eher schüchtern sind. Aber gerade Networking-Plattformen wie XING, bei denen es primär um berufliche Themen geht, bieten auch Introvertierten die Chance, unkompliziert neue Menschen kennenzulernen. Sie müssen sich nicht gleich voll und ganz öffnen, sondern bestimmen selbst das Tempo, mit dem Sie auf andere zugehen. Bedenken Sie auch, dass Extrovertierte nicht automatisch die besseren Netzwerker sind. Introvertierte sind häufig die besseren Zuhörer und verfügen oft über mehr Einfühlungsvermögen. Falls Sie sich selbst als eher zurückhaltend erleben, machen Sie sich diese positiven Seiten Ihrer Persönlichkeit bewusst.

Aktivieren Sie Ihr bestehendes Netzwerk

Wenn Sie Ihr persönliches Netzwerk ausbauen wollen, müssen Sie nicht gleich zum Partylöwen werden und wildfremde Menschen ansprechen. Sie haben schon ein Netzwerk aus ehemaligen Schulfreunden, Studien- und Arbeitskollegen, dem Familien- und Bekanntenkreis, früheren Nachbarn und Mitgliedern in Vereinen und Verbänden. Beginnen Sie mit dem vorhandenen Netzwerk. Aktivieren Sie „eingeschlafene" und intensivieren Sie bestehende Kontakte. Hierbei hilft Ihnen XING auf vielerlei Weise. Sie können – wie beschrieben – Ihr elektronisches Adressbuch mit der XING-Mitgliederdatenbank abgleichen. Innerhalb weniger Minuten lässt sich so feststellen, wer von Ihren Kontakten bereits bei XING ist und wer noch nicht.

Denjenigen, die sich bereits registriert haben, schicken Sie am besten gleich eine Kontaktanfrage. Anhand der Profile können Sie sich vorab informieren, was aus den alten Bekannten geworden ist, und darauf Bezug nehmen. Die Personen, die Sie nicht bei XING finden, können Sie automatisiert in das Netzwerk einladen. Es empfiehlt sich jedoch, den Kontakt zunächst mit einem kurzen Anruf, einer E-Mail oder einer Postkarte aufzufrischen, bevor Sie die Einladung verschicken.

Tipp

ERSTELLEN SIE EINE MINDMAP VON IHREM NETZWERK

Wenn Sie in Ihrem elektronischen Adressbuch nur aktuelle Kontakte verwalten, erstellen Sie am besten eine Mindmap. Visualisieren Sie Ihr Netzwerk, indem Sie ausgehend von Ihrer Person Linien für verschiedene Lebensbereiche und -abschnitte zeichnen. Vorstellbar wären „Äste" für Kollegen, Geschäftsfreunde, Ex-Kollegen, Studienfreunde, Mitschüler, Vereine, Netzwerke, Nachbarn. Zeichnen Sie auch Zweige ein und benennen Sie die wichtigsten Bezugspersonen, die Ihnen zum jeweiligen Lebensbereich einfallen. Wenn Sie erst einmal einige Namen aufgeschrieben haben, werden Ihnen nach und nach viele weitere einfallen. Suchen Sie dann bei XING nach diesen alten Bekannten, Sie werden überrascht sein, wie viele Sie finden. Ansonsten können Sie auch einen Suchauftrag einrichten (siehe unter „So funktioniert die automatische Suche mit Suchaufträgen" in Kapitel 4), der Sie gezielt informiert, wenn die „vermisste" Person Mitglied bei XING wird.

Wenn Sie einen „alten" Kontakt wiederbeleben, können Sie sogenannte „Quick Wins" erzielen, schnelle Erfolge, die Sie für das weitere Networking motivieren werden. Denn sehr wahrscheinlich kennen Sie solche Gesprächspartner schon lange und teilen gemeinsame Erfahrungen mit ihnen. Sie haben es nur versäumt, den Kontakt zu pflegen. Damit es nicht bei der Kontaktbestätigung bei XING bleibt, sollten Sie gleich handeln und im nächsten Schritt ein persönliches Treffen oder ein längeres Telefonat vereinbaren, bei dem Sie sich ausführlich unterhalten können. Wenn Ihnen eine Beziehung wichtig ist, sollten Sie den Kontakt dann regelmäßig, mindestens einmal pro Jahr, erneuern. XING bietet dazu vielerlei Ansatzpunkte.

Nehmen Sie sich ausreichend Zeit für Ihr Networking bei XING

Sie können ein Netzwerk nicht fertig kaufen oder seinen Aufbau delegieren. Zwar gibt es Mitglieder, die XING als Direktmarketing-Plattform verwenden und so viele Kontakte pflegen müssen, dass sie dafür die Hilfe einer weiteren Person benötigen. Das dürfte jedoch die Ausnahme sein, denn die gesamte Kommunikation ist bei XING mit dem eigenen Namen verknüpft, häufig vermischen sich zudem berufliche und private Themen. Sie selbst müssen also Zeit investieren, um XING sinnvoll zu nutzen. Zudem macht diese Arbeit nur einen Teil der Networking-Aktivitäten aus, dem Kennenlernen bei XING soll ja im Idealfall ein telefonischer und persönlicher Kontakt folgen. Zudem werden über XING viele Veranstaltungen initiiert, auch das kostet Zeit.

Oft scheitert das Vorhaben, die vielfältigen Potenziale von XING zu entdecken, daran, dass man Zeit braucht, um sich mit den vielen Funktionen vertraut zu machen und sich ein Kontaktnetzwerk auf der Plattform zu schaffen. Viele Mitglieder fangen aus diesem Grund nie damit an, XING ernsthaft zu nutzen, oder geben relativ schnell wieder auf. Außerdem ist Networking zwar wichtig, aber nicht dringend. Daher wird es oft zugunsten weniger wichtiger, aber dafür dringlich erscheinender Dinge aufgeschoben. Doch Sie vergeben damit eine echte Chance, denn das Networking bei XING führt sehr viel schneller zu greifbaren Erfolgen, als wenn Sie den klassischen Weg über Kaltakquise, Mailings und Netzwerkveranstaltungen gehen. Dennoch kann es einige Monate dauern, bis sich erste Erfolge einstellen, die zeigen, dass es sich gelohnt hat, Zeit zu investieren. Wie können Sie diese Durststrecke überwinden?

Als sinnvoll hat sich folgende Strategie erwiesen: Nehmen Sie sich zunächst ausreichend Zeit, um die Möglichkeiten von XING kennenzulernen, ein aussagekräftiges Profil mit Portfolio einzurichten und sich mit vorhandenen Kontakten auf der Plattform zu vernetzen. Nachdem Sie sich – auch mithilfe dieses Buches – mit der Plattform vertraut gemacht und sich etabliert haben, sollten Sie die Nutzung von XING in Ihren ganz normalen Arbeitsablauf einbetten, so wie das Lesen und Beantworten Ihrer E-Mails. Finden Sie dafür einen passenden Rhythmus, ohne von einem XING-Besuch zum nächsten zu viel Zeit verstreichen zu lassen. Sonst kann es sein, dass Sie nicht nur vor einem Berg persönlicher Nachrichten und Kontaktanfragen stehen, sondern vielleicht wichtige geschäftliche Anfragen versäumen. Mithilfe der Tipps in diesem Buch können Sie Ihre Arbeitsabläufe bei XING sehr effektiv gestalten, sodass der Zeitaufwand angemessen bleibt.

Wichtig: Planen Sie nicht nur Zeit für das Networking im Internet ein, sondern auch für die Pflege und Weiterentwicklung der Kontakte mittels Telefonaten und persönlicher Treffen. Machen Sie zum Beispiel aus dem Mittagessen ein- oder zweimal pro Woche einen Networking-Termin. Statt immer mit denselben Leuten zu essen, verabreden Sie sich dann mit interessanten XING-Kontakten oder Kollegen aus anderen Abteilungen. Gehen Sie außerdem zweimal monatlich auf eine Networking- oder Vortragsveranstaltung, um Ihren Horizont zu erweitern und neue Menschen kennenzulernen. Wenn Ihr Networking mit der Zeit konkrete Erfolge bringt, werden Sie ganz automatisch bereit sein, mehr Zeit in die damit verbundenen Aktivitäten zu investieren – weil es sich lohnt.

Gehen Sie in Vorleistung

Networking besteht aus Geben und Nehmen. Mein Rat: Beginnen Sie mit dem Geben, gehen Sie in Vorleistung. Versuchen Sie für andere nützlich zu sein – ohne gleich eine Gegenleistung zu erwarten. Vertrauen Sie einfach darauf, dass Sie alles, was Sie geben, früher oder später von irgendjemandem im Netzwerk zurückerhalten werden.

Beantworten Sie dazu zunächst die folgenden Fragen: Was habe ich anderen zu bieten? Wo liegen meine Stärken? Und wie kann ich XING nutzen, um anderen weiterzuhelfen?

Wahrscheinlich fällt Ihnen als Erstes Ihr berufliches Fachwissen ein. Sie können Ihren Rat über Ihr Profil anbieten oder in thematisch passenden Gruppen bei XING auf Fragen eingehen. Wenn dort zum Beispiel jemand eine Frage von allgemeinem Interesse stellt und Sie die passende Antwort geben, tun Sie nicht nur ihm, sondern auch vielen anderen Lesern des Forums einen Gefallen. Handelt es sich um einen komplizierten Einzelfall, können Sie sich mit einer persönlichen Nachricht an den Fragenden wenden, eine kurze Einschätzung geben und Ihre Hilfe anbieten – durchaus gegen Honorar, wenn es um Berufliches geht und Ihnen ein Aufwand entsteht.

Sie können auch auf andere Weise hilfreich sein: Vielleicht kennen Sie jemanden, der eine gestellte Frage kompetent beantworten kann, wenn Sie selbst nicht dazu in der Lage sind. Empfehlen Sie diese Person, indem Sie den

Kontakt zwischen ihr und dem Ratsuchenden herstellen. Sie tun damit gleich zwei Menschen einen Gefallen: Der eine kann sein Problem lösen, der andere gewinnt möglicherweise einen neuen Kunden. Es gibt noch eine weitere Möglichkeit, andere Mitglieder bei XING zu unterstützen. Ein bestimmtes, in einer Gruppe diskutiertes Thema interessiert Sie, Sie geben den Begriff daher in eine Suchmaschine ein und stoßen auf eine hilfreiche Website, die Sie dann im Forum empfehlen. Oder Sie lesen zufällig in der Zeitung einen passenden Artikel. Indem Sie den Link oder die Quellenangabe weiterreichen, helfen Sie anderen Mitgliedern.

Beachten Sie zudem, dass in Netzwerken nicht nur fachlicher Rat willkommen ist, sondern beispielsweise auch der Hinweis auf eine interessante Stelle, auf die Sie bei XING unter „Jobs & Karriere" oder anderswo aufmerksam geworden sind, oder auf einen potenziellen Auftrag, von dem Sie gehört haben. Bei einigen der größten XING-Gruppen geht es um nichts anderes als um Aufträge, Projekttätigkeiten sowie Stellen. Wenn Sie das Geschehen in diesen Foren verfolgen, denken Sie nicht nur an sich, sondern lesen Sie für andere aus Ihrem Netzwerk mit. Und auch, indem Sie aufmerksam zuhören, können Sie einem Mitmenschen eine Freude machen. Entsprechend könnten Sie bei XING einfühlsam auf eine Nachricht reagieren oder sich in einer hitzigen Gruppendiskussion ausgleichend äußern.

Eine ganz einfache Gelegenheit, einen Kontakt zu pflegen und Interesse an einem Menschen zu zeigen, ergibt sich bei Anlässen wie Geburtstagen, Beförderungen oder einem Jobwechsel. Sie wissen ja bereits, wie XING dabei hilft, solche Networking-Gelegenheiten nicht mehr zu versäumen. Es ist übrigens nicht anstößig, für solche Anlässe geeignete Texte mit einem Tool wie PhraseExpress zu sammeln und sie bei passender Gelegenheit zu verwenden. Achten Sie jedoch darauf, dass Sie keine Massen-E-Mails verschicken, sondern ergänzen Sie mindestens einige persönliche Worte. Und: Wenden Sie sich nur an Menschen, die Sie ausreichend gut kennen, ansonsten könnte eine solche Nachricht schnell als Anbiederei missverstanden werden.

Melden Sie sich nicht nur bei freudigen Anlässen, sondern auch dann, wenn es Ihrem Kontaktpartner nicht so gut geht und er auf Ihre Anteilnahme vielleicht besonderen Wert legt: bei Krankheit und Unfall, nach einer Trennung oder bei einem Todesfall. Wenn Sie in einer solchen Situation die richtigen Worte finden, ist das gut. Vor allem aber geht es darum, dass Sie präsent sind, nachfragen, wie es dem anderen geht, und Ihre Hilfe anbieten. Greifen Sie in solchen Situationen zum Telefonhörer und sprechen Sie persönlich mit Ihrem Bekannten.

Geizen Sie nicht mit Dank und Lob

Neben der Bereitschaft, in Vorleistung zu gehen, ist eines der wichtigsten Networking-Geheimnisse die Fähigkeit, sich richtig zu bedanken und andere zu loben. Überwinden Sie das Vorurteil, dass solche Dinge altmodisch sind. Wenn Sie zum Beispiel einen fachlichen Rat oder einen Tipp erhalten oder einen wertvollen Kontakt empfohlen bekommen, bedanken Sie sich ausdrücklich. Das können Sie

→ mittels Anruf,
→ mit einer persönlichen Nachricht,
→ in Form einer Referenz im Profil der Person oder
→ in der betreffenden Gruppe mit einem Hinweis auf die Person, die Ihnen geholfen hat, tun.

In den letzten beiden Fällen wird aus Ihrem Dank ein Testimonial, eine persönliche Referenz, über die sich der Gelobte sicher besonders freuen wird. Hier geht es um mehr als um ein Höflichkeitsritual: Positives Feedback ist einer der Schlüssel zum Aufbau von Netzwerk-Beziehungen. Sie werden erstaunt sein, wie bereitwillig andere Menschen helfen, wenn Sie zum Ausdruck bringen, wie viel Ihnen diese Unterstützung bedeutet. Sie brauchen gar nicht zu warten, bis jemand etwas für Sie getan hat. Wenn Sie zum Beispiel in einem XING-Forum beobachten, wie sich jemand für die Gruppe einsetzt, indem er Fragen beantwortet, die Diskussion moderiert, einen informationsreichen Newsletter erstellt oder Veranstaltungen organisiert, dann loben Sie ihn dafür. Vielleicht haben Sie auch auf die Website eines Kontakts geschaut und finden deren Relaunch besonders gelungen oder die Informationen sehr hilfreich – sprechen Sie dies aus!

Sehr häufig sind Dank und Lob nur Aufhänger, um anschließend um einen Gefallen zu bitten oder eine Frage zu stellen. Das ist legitim, doch Ihr positives Feedback zählt noch viel mehr, wenn Sie es ganz ohne Hintergedanken äußern. Loben Sie nicht allgemein für das Erreichen von Zielen, sondern werden Sie möglichst konkret. Fragen Sie sich, welche Herausforderung der andere gerade erfolgrcich bewältigt hat. Ähnliches gilt für den Dank: Bedanken Sie sich nicht einfach dafür, dass jemand etwas Bestimmtes getan hat, sondern weisen Sie explizit auf die Schwierigkeiten hin, die der andere dabei zu überwinden hatte. Beschreiben Sie dann konkret, wie der andere Ihnen weitergeholfen hat.

Besonders bedeutsam ist der Dank für Empfehlungen. Stellen Sie sich vor, Sie haben einen neuen Interessenten für Ihr Geschäft gewonnen oder Ihnen ist eine Stelle angeboten worden. Selbst wenn daraus kein Auftrag und keine Anstellung werden, sollten Sie Ihrem Fürsprecher danken und ihn über die Entwicklung in groben Zügen auf dem Laufenden halten. Vielleicht überlegen Sie sich sogar ein kleines Prämienprogramm, um sich für erfolgreiche Vermittlungen zu bedanken. Stellen Sie zum Beispiel eine Liste von Geschenken zusammen, die Sie bequem bei einem Internetshop bestellen können. Dann können Sie den Versand ganz leicht von Ihrem Schreibtisch aus veranlassen.

Bitten Sie andere um Rat und Unterstützung

Kein Mensch kann Ihre Gedanken lesen, Sie müssen es anderen mitteilen, wenn Sie Rat oder Unterstützung benötigen. Um Hilfe zu bitten fällt sehr viel leichter, wenn Sie in Vorleistung gegangen sind und anderen schon einmal einen Gefallen getan haben. Das gibt Ihnen sozusagen das Recht, selbst Zeit und Aufmerksamkeit anderer in Anspruch zu nehmen. Vergegenwärtigen Sie sich auch, dass es anderen ebenfalls Freude macht, einen Rat geben oder helfen zu dürfen. Sie lernen Sie dadurch besser kennen, fühlen sich gut und erfahren Dankbarkeit. Sicher kennen Sie das aus eigener Erfahrung. Die meisten Menschen – zumal in einem gut etablierten Netzwerk wie XING – helfen gerne. Sie müssen ihnen nur die Gelegenheit dazu geben! Wenn Sie ein konkretes Problem haben, überlegen Sie sich, wer von Ihren direkten Kontakten Ihnen helfen könnte. Oder Sie suchen gezielt nach einer außenstehenden Person, am besten unter den Kontakten Ihrer Kontakte. Sie können Ihre Bitte auch in einer Gruppe veröffentlichen, in die das Thema hineinpasst.

Grundsätzlich dürfen Sie jede Frage stellen und um jede Art von Unterstützung bitten, aber formulieren Sie immer so, dass der Angesprochene nein sagen kann, wenn er Ihnen nicht helfen kann oder will. Vielleicht fehlt ihm das nötige Spezialwissen, vielleicht hat er gerade keine Zeit. Insistieren Sie dann nicht, sondern fragen Sie nach, ob Sie sich zu einem späteren Zeitpunkt noch einmal melden dürfen oder ob er jemanden kennt, der Ihnen weiterhelfen kann. Überhaupt ist die Bitte um eine Empfehlung der geeignete Weg, wenn Ihre Frage sich auf Ihre spezielle, ganz persönliche Situation bezieht und nicht von allgemeinem Interesse ist.

Überlegen Sie sich bei solchen Anfragen immer, wie auch der andere profitieren kann. Wer ein XING-Profil ausfüllt, wird nicht automatisch zu einem kostenlosen Auskunftsbüro. Auch wenn eine Person bekundet, Kooperationen offen gegenüberzustehen, möchte sie natürlich nicht nur wissen, welche Vorteile Sie sich erhoffen, sondern auch, wie sich das eigene zeitliche und finanzielle Engagement auszahlen könnte.

Lernen Sie, nein zu sagen

Genauso, wie Sie ein Nein von anderen auf Ihre Bitte hin akzeptieren, dürfen auch Sie nein sagen. Das gilt selbst dann, wenn ein anderer Ihnen zuvor einen oder mehrere Gefallen getan hat. Natürlich werden Sie sich dann besonders bemühen, den richtigen Ansprechpartner zu finden oder weiterführende Hinweise zu geben, wenn Sie selbst nicht helfen können. Lassen Sie sich aber nicht nötigen, etwas gegen Ihren Willen zu tun, nur weil Sie sich verpflichtet fühlen. Denn dann würden Sie die Freude am Networking schnell verlieren.

Leider gibt es immer wieder Netzwerker, die viel nehmen und wenig geben, also andere regelrecht aussaugen. Nehmen Sie sich vor solchen „Vampiren" in Acht. Vertrauen Sie auf Ihre Menschenkenntnis oder erkundigen Sie sich bei gemeinsamen Bekannten, wenn Sie unsicher sind, wie Sie sich einer bestimmten Person gegenüber verhalten sollen. Sie können sich darauf verlassen, dass Sie durch Ihr Networking auf XING noch viele andere interessante Menschen kennenlernen werden, Sie sind nicht auf die Zusammenarbeit mit genau dieser Person angewiesen. Mit „in Vorleistung gehen" ist schließlich nicht gemeint, dass Sie sich ausbeuten lassen und Leistungen kostenlos erbringen, mit denen Sie eigentlich Ihr Geld verdienen sollten.

Denken Sie über die folgenden beiden Fragen nach: Was tun Sie aus Gefälligkeit und für den Beziehungsaufbau? Und welchen Aufwand wollen Sie in Rechnung stellen? Markieren Sie die Grenze nach außen, indem Sie zum Beispiel bei einem Networking-Event – nachdem Sie einige fachliche Fragen beantwortet haben – dem Anfragenden Ihre Visitenkarte überreichen und ihm anbieten, einen Beratungstermin zu vereinbaren. Anschließend lenken Sie die Unterhaltung wieder auf andere Themen. Wenn Sie auf XING eine Frage beantwortet haben, könnte der nächste Schritt darin bestehen, dass Sie um die Freigabe der Kontaktdaten des anderen bitten und einen telefonischen Beratungstermin anbieten.

Eine Grenze müssen Sie unter Umständen auch dann ziehen, wenn Sie zu viel Zeit auf XING verbringen. Gerade die Teilnahme an Gruppendiskussionen hat ein gewisses Suchtpotenzial. Fragen Sie sich bei jedem Beitrag, den Sie schreiben wollen, ob Sie damit etwas für sich oder für das Netzwerk erreichen. Bedenken Sie: Wenn Sie fortlaufend Nachrichten verfassen und bei XING einstellen, ziehen andere daraus vielleicht Rückschlüsse auf Ihre Auslastung als Selbstständiger oder auf Ihr berufliches Engagement als Angestellter.

Machen Sie aus Ihren XING-Kontakten persönliche Beziehungen

Networking im Internet ist kein Selbstzweck. Es vereinfacht das Knüpfen neuer Kontakte, aber früher oder später wollen Sie einige Mitglieder persönlich kennenlernen oder doch zumindest einmal länger mit ihnen telefonieren. Bei XING ist das ganz einfach: Sie können im Profil erkennen, wie der andere aussieht und welche Interessen er hat. Mittels persönlicher Nachrichten haben Sie sich ausgetauscht und bereits etwas näher kennengelernt oder festgestellt, dass es besser wäre, die diskutierten Fragen doch telefonisch zu besprechen. Jetzt müssen Sie sich nur noch gegenseitig die Kontaktdaten freigeben und können direkt miteinander telefonieren. Wenn Sie ein gutes Gespräch führen, kann sich daraus unmittelbar ein Termin für ein persönliches Treffen ergeben. Oder Sie vereinbaren, dass Sie zunächst per E-Mail, Post oder Fax Informationen austauschen.

Vielleicht erscheint dieser Pfad von den ersten persönlichen Nachrichten über ein Telefonat bis hin zum persönlichen Treffen etwas umständlich. Trotzdem sollten Sie sich daran orientieren, denn diese Vorgehensweise hat drei wichtige Vorteile.

→ Angemessenheit: Sie wollen sicher nicht mit der Tür ins Haus fallen, sondern den anderen schrittweise besser kennenlernen. Der jeweils nächste Schritt ergibt sich logisch aus dem vorausgegangenen, ohne dass ein Zwang dabei entsteht.

→ Effektivität: Ziel kann es nicht sein, jeden einzelnen XING-Kontakt persönlich zu treffen. Wenn sich Ihre Frage zeitsparend mit einem kurzen E-Mail-Wechsel lösen lässt, umso besser. Bedenken Sie dabei, dass Formulierungen wie „Darf ich Ihnen eine Nachricht mit einer Frage schicken?" oder auch „Darf ich Sie wegen einer Frage anrufen?" für jemanden, der wenig Zeit hat, außerordentlich ärgerlich sind. Skizzieren Sie zumindest, worum es geht, damit der andere vorab beurteilen kann, ob er Ihnen helfen kann und möchte und auch welcher Kommunikationsweg sich dafür am besten eignet.

→ Risikobeschränkung: Vielleicht stellen Sie schon beim E-Mail-Austausch oder Telefonat fest, dass Sie den Kontakt zu diesem Zeitpunkt nicht vertiefen wollen. Seien Sie deswegen nicht enttäuscht, sondern freuen Sie sich darüber, dass Sie sich und dem anderen ein überflüssiges Treffen ersparen.

Häufig ist es andersherum: Sie lernen über XING interessante Menschen kennen, verstehen sich bestens, spielen sich die Bälle zu, haben aber noch nie miteinander telefoniert. Dann ist es höchste Zeit, die Beziehung zu vertiefen. Ergreifen Sie die Initiative und rufen Sie den anderen direkt an: „Ich wollte mal Ihre Stimme hören." Nachdem Sie schon mehrfach Nachrichten ausgetauscht und immer wieder in Gruppen aufeinandergetroffen sind, haben Sie sicherlich einigen Gesprächsstoff. Wenn Sie erst einmal miteinander gesprochen, sich dabei wohlgefühlt und die Telefonnummer des anderen abgespeichert haben, ist die Hemmschwelle niedriger, auch bei anderer Gelegenheit kurz anzurufen, statt längere Nachrichten hin und her zu schicken. Außerdem kommt man am Telefon häufig auf andere Themen und Berührungspunkte zu sprechen.

Das gilt erst recht für persönliche Treffen. In entspannter Atmosphäre bei einem gemeinsamen Mittagessen oder abends bei einem Bier schweift man eher einmal ab, unterhält sich über berufliche Pläne oder Privates – und oft ergeben sich gerade daraus ganz neue Ansätze für eine Zusammenarbeit. Wenn man sich direkt gegenübersitzt, lässt sich auch viel besser beurteilen, ob ein eigener Vorschlag auf Enthusiasmus stößt oder die Reaktion eher eine höflich verpackte Ablehnung ist.

Vor allem bei etablierten Kontakten, mit denen Sie häufig per XING zu tun haben, sollten Sie immer ein persönliches Treffen anstreben. Wenn sich das nicht gleich beim ersten Telefonat ergibt, bietet sich vielleicht bei einem Gruppen-Event oder einer offiziellen XING-Veranstaltung die Gelegenheit. Wie beschrieben, können Sie Ihre Bekannten als A- oder B-Kontakte klassifizieren und zudem einer Stadt oder Region zuordnen. Wenn Sie einen Event besuchen, schreiben Sie vorab die entsprechenden Kontakte an und informieren Sie sie darüber. Mit Ihren A-Kontakten werden Sie aber wahrscheinlich lieber Vier-Augen-Gespräche führen. Nutzen Sie dazu ohnehin geplante Geschäftsreisen, indem Sie rund um den eigentlichen Termin weitere Treffen vereinbaren. Sie werden voller Inspiration und vielleicht sogar mit einem Auftrag in der Tasche nach Hause kommen.

••

IM GESPRÄCH

Dirk Kreuter stellt sich vor: Seit 1998 bin ich hauptberuflich Verkaufstrainer, vor allem werde ich für Vertriebstrainings mit dem Schwerpunkt Neukundengewinnung gebucht. Auf Firmenveranstaltungen und Kongressen trete ich als Redner auf. Und ich bin (Co-)Autor zahlreicher Bücher, Hörbücher und DVDs zu den Themen Verkauf, Vertrieb und Marketing. Zu meinen Kunden zählen Unternehmen aus den unterschiedlichsten Branchen.

Seit wann sind Sie Mitglied bei XING?
Seit August 2006. Kollegen haben mich seinerzeit per E-Mail mehrfach eingeladen. Es hat dann noch ein paar Monate gedauert, bis ich wirklich Mitglied geworden bin. Dann habe ich sicher erst einmal ein Jahr lang nur reagiert – auf Nachrichten und Kontaktanfragen, bis mir mein Freund Martin Limbeck die Au-gen für die Möglichkeiten bei XING geöffnet hat. Dann wurde ich aktiv.

Wie oft nutzen Sie XING und wie profitieren Sie von dieser Plattform?
Ich bin täglich auf XING, per XING-App auf meinem iPhone. Meine Nutzen: Ich bereite über XING Neukundenkontakte vor, frage bei Bestandskunden gezielt nach Empfehlungen und betreibe Marketing für meine offenen Seminar- und Vortragsveranstaltungen.

Sie haben ja auch unser Buch gelesen. Was hat Ihnen das gebracht?
Wenn es durch die Brille eines Verkäufers gelesen wird, ist dieses Buch voller phantastischer Ideen zur Neukundengewinnung und zur Stammkundenpflege. Durch die neuen Ideen darin habe ich mein System zur Gewinnung neuer Kunden über aktives Empfehlungsmarketing noch einmal entscheidend optimieren können. Ich schaue mir nun zum Beispiel den Lebenslauf, die Organisationen und die freigegebenen Kontakte vor der Empfehlungsfrage an. So kann ich gezielt nach bestimmten Personen oder Unternehmen fragen, mit denen mein Gesprächspartner in Kontakt steht. Damit vermeide ich Rückmeldungen wie: „kenne keinen", „fällt mir keiner ein" usw.

Welche Funktion benutzen Sie besonders gerne?
Mit den Eventeinladungen habe ich schon dutzende Teilnehmer für meine Seminare gewonnen. Während Mailings in Papierform oder elektronisch kaum zu Response führen, funktioniert XING unglaublich gut in diesem Bereich! Darüber hinaus bleibe ich so mit meinen Seminar- und Vortragsteilnehmern auch nach der Veranstaltung in Kontakt.

Was raten Sie anderen Selbstständigen?
XING kann eine wahre Hebelwirkung im Vertrieb entfalten, was die Vorbereitung auf Kundenkontakte angeht. Kein Vertriebler im Geschäftskundenbereich kann zukünftig auf XING als Informations- und Kommunikationsinstrument verzichten! In meinen Verkaufstrainings nimmt XING schon fast eine Stunde in Anspruch.

• •

Kapitel 13

XING: Wie die Idee entstand und was daraus geworden ist

Als aktives Mitglied wollen Sie sicherlich auch ein wenig über die Entstehung und die Erfolgsgeschichte von XING erfahren. In das Kapitel hierüber haben wir unsere persönlichen Erfahrungen sowie unsere Gespräche mit XING-Gründer Lars Hinrichs, dem XING-Management und vielen Mitarbeitern einfließen lassen.

Die Geburtsstunde von XING

2003 wurde XING unter dem Namen „openBC" – die Abkürzung für Open Business Club – gegründet. XING entstand mitten in der großen Internetkrise. Die Blase, die sich in den Jahren zuvor an der Börse gebildet hatte, war geplatzt, die Stimmung schlecht, das Misstrauen gegenüber neuen Internet-Start-ups groß. Dass die Geschäftsidee für XING sich in dieser schwierigen Situation so schnell durchsetzte, während viele andere ehrgeizige Internetprojekte scheiterten, ist bemerkenswert.

Geburtsort des Unternehmens war das Esszimmer von Gründer Lars Hinrichs. Er diskutierte seine Geschäftsidee mit verschiedenen Bekannten, darunter wichtige Player der Internetszene, die er an seinen vorherigen beruflichen Stationen kennengelernt hatte. Eine Hälfte der Gesprächspartner fand die Idee genial, die andere erklärte ihn für verrückt. Hinrichs dazu: „Wenn man immer nur auf Berater oder nur auf Kunden hört, wird man nicht erfolgreich sein. Henry Ford hat einmal gesagt: ‚Wenn ich die Menschen gefragt hätte, was sie wollen, hätten sie gesagt: schnellere Pferde'."

Acht Wochen dauerte die Entwicklung der ersten Version von openBC, die über einen Mindestbestand an Features verfügte – viele weitere Funktionen hatte Hinrichs zu diesem Zeitpunkt bereits im Kopf. „Aber man kann immer nur eine Idee nach der anderen realisieren."

Warum openBC so ansteckend wirkte

Den Begriff „Networking-Plattform" gab es damals noch nicht. Die Internetbranche befand sich an ihrem Tiefpunkt, auch die Medien standen Neuerungen vorsichtig gegenüber. Es war nicht einfach, in dieser Situation überhaupt Aufmerksamkeit zu gewinnen. Wie also machte Hinrichs openBC bekannt? Er nutzte die Prinzipien des Networkings. Hinrichs hatte viele Bekannte, die ihrerseits auch viele Kontakte hatten. Sie alle mailten rund 10.000 Leute an und vertrauten darauf, dass ihre Plattform die Empfänger so begeistert, dass sie sie weiterempfehlen – und deren Begeisterung wiederum ansteckend auf andere wirkt. Genau dies geschah, das virale Marketing funktionierte wie geplant …

Schon am ersten Tag waren es 472 Mitglieder, die sich anmeldeten, Hinrichs freute sich riesig über jedes einzelne. Ich, Andreas Lutz, erinnere mich noch, dass ich unter den ersten Mitgliedern gewesen sein muss. Ich hatte openBC innerhalb weniger Tage gleich von mehreren Bekannten empfohlen bekommen und mich nach einem Blick auf die Website direkt als zahlendes Mitglied angemeldet. Bei der Kreditkartenabwicklung gab es ein technisches Problem – man hatte diese Zahlungsart gerade erst eingeführt. Hinrichs antwortete innerhalb weniger Minuten persönlich und auch das technische Problem konnte innerhalb kürzester Zeit gelöst werden.

Mein Freundeskreis trat mehr oder minder geschlossen bei openBC ein. Schon damals beschäftigten uns ähnliche Fragen wie Sie vielleicht heute: Wie wählerisch sollen wir beim Bestätigen von Kontakten sein? Natürlich beäugten wir unsere Profile auch daraufhin, wer über die meisten Kontakte verfügte. Für uns alle, die wir aus der Internetbranche kamen, stand bereits fest, dass Hinrichs mit openBC eine „Killerapplikation" gelungen war und er damit enormen Erfolg haben würde.

Besonders beeindruckte uns, dass schon die erste Version von openBC sehr durchdacht und benutzerfreundlich aufgebaut war – keine unnötigen Spielereien, reiner Nutzwert. Bei jeder Funktion war intuitiv verständlich, was man damit anfangen sollte. Was immer man mithilfe von openBC machen wollte, es war mit einem Minimum an Klicks möglich.

Ein weiterer großer Vorteil war die schon damals schnelle technische Entwicklung: Vorschläge und Ideen der Nutzer wurden blitzschnell aufgenommen und in die Software eingebaut. So mancher openBC-Veteran wird vielleicht lächeln und sich an die eine oder andere Funktion erinnern, auf deren Einführung er lange wartete – die Betreiber mussten hier zwischen ihren eigenen Zielen und den unterschiedlichsten Wünschen vieler Mitglieder abwägen. Gelegentlich ging die Vielzahl neuer Funktionen auch zulasten der intuitiven Bedienung, sodass größere Umstellungen in der Benutzerführung nötig wurden. Bemerkenswert war und ist aber die Geschwindigkeit der Änderungen. Zugleich gelang es den Entwicklern, mit dem enormen Mitgliederzuwachs Schritt zu halten und ihre Server entsprechend auszubauen, sodass es nie zu ernsthaften Engpässen oder Ausfällen kam.

Von der Gründung an fand jede Woche (mit wenigen Ausnahmen wie Weihnachten) ein mehr oder minder großer Relaunch der Software statt, also ein Update, mit dem neue Funktionen online gingen. So erweitert XING die Plattform nach wie vor jedes Jahr um dutzende großer und tausende kleinerer neuer Funktionen. Erst seit Herbst 2012 finden die Updates nicht mehr wöchentlich statt, sondern an beliebigen Wochentagen sofort nach Fertigstellung. Die Performance des Systems spielt dabei immer eine wichtige Rolle und wird ebenfalls ständig optimiert. Mit jeder dieser kleinen und großen Änderungen erhöht XING den Nutzen der Plattform für seine Mitglieder, sodass sich der monatliche Mitgliederbeitrag immer wieder noch ein bisschen mehr lohnt als zuvor.

Mit den durchdachten Funktionen gewann Hinrichs auf Anhieb die Herzen der Geschäftsleute, die er erreichen wollte. Er bot ihnen die Möglichkeit, ein aussagekräftiges Profil einzustellen und Kontakte zu visualisieren, hinzu kamen die mächtigen Suchfunktionen, das interne Mailsystem und kurz nach Gründung die Gruppen mit ihrem intuitiv verständlichen Aufbau. Ich, Andreas Lutz, kann mich an einen Wintertag 2003 erinnern, an dem ich mich mit einer Journalistin in einem Café traf, unter anderem, um ihr über openBC zu berichten. In einer Gesprächspause hörten wir, dass am Nachbartisch ein ganz ähnliches Gespräch im Gange war. Eine junge Frau erzählte einem Kollegen begeistert von der Plattform. Kein Wunder, dass sich openBC wie eine hochansteckende Krankheit ausbreitete … Und mit jedem neuen Mitglied vergrößert sich das Potenzial, denn nach dem Metcalfe'schen Gesetz wächst der Nutzen eines Netzwerks im Quadrat zur Teilnehmerzahl, also stark überproportional.

Schon bald wurde eine Finanzierungsrunde für openBC nötig, bei der ein sechsstelliger Betrag eingeworben werden sollte. Nicht aus Liquiditätsgründen: Die Mitgliederbeiträge reichten bereits drei Monate nach dem Start aus, um die Kosten für Softwareentwicklung, Mitarbeiter usw. zu tragen. Hinrichs selbst hatte zunächst nicht mehr als 30.000 Euro – und natürlich eine Menge Arbeitszeit – investiert. Allerdings wurden die Mitgliederbeiträge oft für ein Jahr im Voraus bezahlt und stellten quasi einen Kredit an das Unternehmen dar. Deshalb musste Hinrichs die Eigenkapitalbasis stärken.

Zugleich wuchs das Unternehmen rasant. Aus dem Esszimmer ging es in ein 120 Quadratmeter großes Büro, schon bald stand eine Erweiterung auf 230, dann auf 500 Quadratmeter an. Immer weitere Flächen mietete die XING AG an ihrem langjährigen Standort am Hamburger Gänsemarkt und in dem angrenzenden Dammtor-Gebäude an, die durch Durchgänge verbunden wurden. Durch das fortgesetzte Wachstum stieß man trotzdem an Grenzen und es wurde ein großer Umzug notwendig: Im ersten Halbjahr 2013 zog der überwiegende Teil der Mitarbeiter um in das nur wenige hundert Meter entfernte Metropolis Haus. Ein traditionsreiches Kino mit historischer Saaleinrichtung gibt dem Gebäude neben der Hamburger Staatsoper seinen Namen. XING hat dort 6.000 Quadratmeter zur Verfügung. Zusätzlich behält das Unternehmen rund 1.000 Quadratmeter am bisherigen Standort. Das sollte fürs Erste ausreichen für die zwischenzeitlich rund 600 Mitarbeiter.

Wer nutzt die Internet-Plattform zu welchem Zweck?

XING ist das mit deutlichem Abstand bekannteste und auch das meistgenutzte Online-Business-Netzwerk in Deutschland, Österreich und der Schweiz. Zu diesem Ergebnis kommt die W3B-Studie von Fittkau & Maaß Consulting. Über 100.000 deutschsprachige Internetnutzer wurden im Herbst 2011 zu ihren Nutzungsgewohnheiten im Social Web befragt. 25 Prozent davon sind demnach XING-Mitglieder, nur neun Prozent Mitglieder des nächstgrößten Wettbewerbers LinkedIn.

Das Durchschnittsalter der Online-Nutzer von XING beträgt 39 Jahre, 45 Prozent der deutschen Nutzer sind weiblich. Die XING-Mitglieder in den deutschsprachigen Ländern sind gut gebildet und stehen erfolgreich im Berufsleben: 50 Prozent haben die Hochschulreife oder einen Hochschulabschluss. 41 Prozent verfügen über ein Haushaltsnettoeinkommen von über 3.000 Euro pro Monat.

Zwei Drittel der Mitglieder sind Angestellte, ganz überwiegend in Vollzeit. Ein Drittel ist selbstständig und gibt „Inhaber", „Freiberufler" oder „Gesellschafter/Partner" als Beschäftigungsart an. Am Anfang waren es die Trendsetter der Internet-, Hightech- und Werbebranche, die XING nutzten,

in den folgenden Jahren eroberte XING das mittlere und das Top-Manage-
ment und nach und nach auch viele konservativere Branchen. XING ist das
Netzwerk der Berufstätigen.

Eine im Juni 2013 vom Bundesverband Informationswirtschaft, Tele-
kommunikation und neue Medien e.V. (BITKOM) durchgeführte Befra-
gung von deutschen Internetnutzern im Alter ab 14 Jahre ergab eindeutige
Zahlen hierzu: 52 Prozent der XING-Nutzer gaben an, das Netzwerk ausschließlich oder überwiegend beruflich zu nutzen, bei Twitter waren es acht
Prozent, bei Facebook und Google+ null Prozent.

Branchenverteilung

Stark in nahezu allen Branchen

Branche	Anteil
Dienstleistungen	23%
Industrie	13%
Medien	9%
Beratung	7%
IT Sektor	7%
Banken & Versicherungen	6%
Handel	7%
Öfftl. Dienst	6%
Verkehr	7%
Medizin & Pharma	6%
Baugewerbe & Herstellungsgewerbe	4%
Reise	2%
Telekommunikation	2%
Hochschulen	2%
Produktion	1%

Einer der vielen Gründe, warum vielbeschäftigte Geschäftsleute XING ausgesprochen aktiv nutzen: Ein sehr hoher Anteil der Mitglieder hat ein Foto eingestellt. Das schafft fürs Networking einen enormen Mehrwert. Jede Nachricht und jeder Gruppenbeitrag ist mit dem Bild des Verfassers und einem Link zu seinem Profil verknüpft.

Viel Zeit und Geld fließen zudem in die Datensicherheit, denn die Mitglieder machen bei XING vertrauliche Angaben. Zum einen geht es darum, die Daten vor dem Ausspähen zu schützen, zum anderen wird durch eine Vielzahl von Maßnahmen verhindert, dass XING missbraucht wird, um Spam oder Profile mit anstößigem Inhalt zu verbreiten. Dabei wird auch auf die Mitwirkung der Mitglieder gebaut.

Zum Beispiel wird ein Profil geprüft, wenn Mitglieder es als unecht melden, und deaktiviert, wenn es sich als Fake erweist. Ein mehrköpfiges Quality-and-Security-Team geht jedem Hinweis nach und steht in ständigem Austausch mit der Community. XING ist zudem als einziger Anbieter im Markt voll SSL-verschlüsselt – eine Technik, die Banken für die Kontodaten ihrer Kunden beim Onlinebanking nutzen – und damit in puncto Sicherheit richtungsweisend.

So erzielt XING die höchsten Werte unter den sozialen Netzwerken, wenn es um die Themen Datenschutz und -sicherheit geht: 49 Prozent der von BITKOM Befragten gaben an, XING in Hinblick auf Datenschutz und -sicherheit „voll und ganz" oder „eher" zu vertrauen. Bei Facebook waren es 38 Prozent, bei Google+ 36 Prozent, bei Twitter 30 Prozent und bei LinkedIn 26 Prozent.

Wie verdient XING Geld?

Das Geschäftsmodell von XING stützt sich auf fünf Säulen: die Mitgliederbeiträge sowie die Einnahmen aus E-Recruiting, Werbung, Unternehmensprofilen und Events.

Die beständig wachsende und überdurchschnittlich loyale Premium-Mitglieder-Basis ist die wichtigste Umsatzquelle. Ende 2013 hatte die XING AG rund 830.000 zahlende Mitglieder.

2007 hat XING damit begonnen, Werbebanner zu vermarkten, die standardmäßig nur den Basis-Mitgliedern angezeigt werden, sodass diese indirekt auch einen Beitrag zur Finanzierung der Plattform leisten. Die Mitgliedsbeiträge und Werbeeinnahmen machten 2013 65 Prozent des Umsatzes aus.

Ein weiteres Standbein, das 2013 bereits 28 Prozent des XING-Umsatzes ausmachte, ist das E-Recruiting. XING profitiert dabei vom Trend zum „Active Sourcing", also der aktiven Ansprache von Kandidaten durch Personaler. In einer forsa-Befragung vom August 2013 bestätigten 77 Prozent der interviewten Recruiter, dass Fachkräfte heutzutage vermehrt von Unternehmen kontaktiert werden, statt sich selbst zu bewerben. Die direkte Ansprache durch die Personaler ist nicht nur persönlicher, sondern für das Unternehmen, das Mitarbeiter sucht, auch schneller und kostengünstiger als traditionelle Stellenausschreibungen und Bewerbungen. Umgekehrt bedeutet dies: Wer Karrierechancen nutzen möchte, für den ist ein aktuelles und auf die Bedürfnisse der Personaler optimiertes XING-Profil von größter Bedeutung. Denn bei der Mitarbeitersuche werden soziale Netzwerke am häufigsten eingesetzt – und XING ist die mit Abstand am meisten genutzte Plattform: 62 Prozent der Personaler, die soziale Netzwerke zur Suche einsetzen, nutzen XING. An zweiter Stelle stehen die klassischen Jobbörsen, die nur von 15 Prozent genannt wurden. Das als Nächstes aufgeführte berufliche Netzwerk wird lediglich von drei Prozent der befragten Personaler genutzt.

Im Dezember 2010 übernahm die XING AG den Münchener Ticketing-Dienst Amiando, mit dem sie zuvor schon eng zusammengearbeitet hatte. Amiando unterstützt Veranstalter bei der Abwicklung von Events, insbesondere beim Ausstellen der Eintrittskarten und deren Bezahlung. Das gilt unabhängig davon, ob der Event auf XING oder über andere Kanäle beworben wird. Amiando heißt seit November 2013 „XING EVENTS GmbH" und trug zuletzt sechs Prozent zum XING-Umsatz bei.

Im Januar 2013 übernahm die XING AG die 2007 gegründete österreichische kununu GmbH, die eine marktführende Plattform für Arbeitgeberbewertungen im deutschsprachigen Raum aufgebaut hat. kununu ist für die Jobsuche, was eine Hotelbewertungsplattform für die Reiseplanung ist: Aktuelle und frühere Mitarbeiter, Auszubildende und Praktikanten bewerten ihr Unternehmen in Bezug auf Betriebsklima, Aufstiegschancen und Gehalt. Auch hier ging der Akquisition eine zweijährige Kooperation voran.

Gemeinsam mit dem Magazin „Focus" ermitteln XING und kununu seitdem „Deutschlands beste Arbeitgeber" mit mehr als 500 Mitarbeitern.

XING im Wandel

Anfang 2009 übernahm Stefan Groß-Selbeck (47) den Vorstandsvorsitz von
Gründer Lars Hinrichs. Der promovierte Jurist und Volkswirt war zuvor
Vorsitzender der Geschäftsführung von eBay Deutschland. Unter seiner Füh-
rung entwickelte sich Deutschland zum größten und wichtigsten eBay-Markt
außerhalb der USA.

Eines der wichtigsten Ziele während seiner Amtszeit war die Entwicklung
neuer Erlösquellen neben den Mitgliedsbeiträgen. Dabei legte er besonderes Ge-
wicht auf den E-Recruiting-Markt. Das Unternehmen musste sich erheblich
wandeln: Während es sich zuvor ausschließlich auf das Endkunden-Geschäft mit
den Mitgliedern (B2C) konzentriert hatte, ging es nun darum, Personaler, An-
zeigenkunden und andere Zielgruppen (B2B) anzusprechen. Um hier professionellen Service bieten und auf die neuen Kundenbedürfnisse eingehen zu können, musste die XING AG erheblich in das neue Geschäftsfeld investieren. Damit hat es sich den Zugang zu einem großen Marktpotenzial erschlossen, das
neben der bezahlten Mitgliedschaft zur wichtigsten Ertragssäule geworden ist.

Zugleich wuchs XING weiter, eine immer breitere Bevölkerungsschicht
entdeckt das Business-Netzwerken für sich. Das war der Grund für XING,
im Juni 2011 eine der größten Produktveränderungen in seiner Geschichte

durchzuführen: Der umfassende Relaunch machte es neuen Nutzern einfacher, die wichtigsten Funktionen zu finden und intuitiv anzuwenden. Zugleich hat XING die komplette Informationsarchitektur erneuert und seine technische Basis grundlegend modernisiert. Dank der neuen modularisierten Architektur der Plattform ist es seitdem wesentlich leichter, die Funktionalität von XING weiter auszubauen.

Im Oktober 2012 übernahm Thomas Vollmoeller (54) den Stab von Stefan Groß-Selbeck. Vollmoeller arbeitete zehn Jahre bei McKinsey & Co in Hamburg und Düsseldorf. Seit 1997 bekleidete er bei der Tchibo GmbH verschiedene Funktionen, zuletzt war er Vorstandsmitglied für den gesamten Bereich Non-Food. In seiner Zeit bei Tchibo baute Vollmoeller das E-Commerce-Geschäft erfolgreich auf. 2008 wechselte er als Vorstandsvorsitzender zur Valora-Gruppe.

Der als entscheidungsstark geltende Vollmoeller setzte schon bald nach dem Start eigene Akzente. Er organisierte die Geschäftsbereiche neu in Network/Premium, E-Recruiting und Events, wie oben dargestellt. Schlag auf Schlag folgte die Weiterentwicklung wichtiger Produkte und Funktionen: Der „XING Talent Manager" (XTM), also das zentrale Produkt für Recruiter, wurde stark verbessert, die Premium-Mitgliedschaft durch neue Funktionen und Zusatzvorteile aufgewertet, das XING-Profil komplett überarbeitet und auch die XING-Gruppen wurden von Grund auf neu programmiert.

Eine zentrale Herausforderung für XING und andere soziale Netzwerke ist der starke Anstieg der mobilen Nutzung. Zum Jahreswechsel 2014/15, so erwartet Vollmoeller, werden erstmals mehr Nutzer XING mit Smartphone oder Tablet besuchen als klassisch über Desktop oder Laptop. 2014 ist deshalb das Jahr der „mobilen Transformation" für XING. Bei der Produktentwicklung soll von Anfang an mobil gedacht werden. Das heißt nicht, dass man automatisch alle Funktionen auch mobil umsetzt: Auch künftig wird das Recruiting meist am Desktop stattfinden und der „Talent Manager" dafür optimiert bleiben. Bei „XING Events" dagegen geht es darum, andere Mitglieder bei Veranstaltungen zu treffen und kennenzulernen. Es ist deshalb wahrscheinlich, dass XING für verschiedene Funktionen separate Apps herausbringen wird. Wollte man alle Funktionen in eine zentrale Anwendung einbauen, würde die Navigation schnell unübersichtlich.

Die Zukunft von heute ist die Vergangenheit von morgen. Ein Ratgeber über einen Dienst, der jede Woche weiterentwickelt und jeden Monat um mehrere wichtige Funktionen erweitert wird, kann niemals abgeschlossen sein. Deshalb berichten wir per E-Mail im Rahmen unseres Newsletters auf www.jeder-ist-unternehmer.de und mit XING-Tipps auf www.rumohr.de regelmäßig über die weitere Entwicklung und halten Sie auf dem Laufenden. Wir alle dürfen gespannt sein, welche Funktionen XING noch in Planung hat. Beim nächsten XING-Release werden wir schon wieder mehr wissen!

STICHWORTVERZEICHNIS